水利工程施工

与水土保持技术探索

任新星 刘本宝 邢鹏远 ◎著

中国出版集团

中译出版社

U0334232

图书在版编目（CIP）数据

水利工程施工与水土保持技术探索／任新星，刘本
宝，邢鹏远著. -- 北京：中译出版社，2023. 12
　　ISBN 978-7-5001-7672-5

　　Ⅰ.①水… Ⅱ.①任… ②刘… ③邢… Ⅲ.①水利工
程-工程施工-研究②水土保持-研究 Ⅳ. ①TV5
②S157

　　中国国家版本馆 CIP 数据核字（2024）第 009313 号

水利工程施工与水土保持技术探索
SHUILI GONGCHENG SHIGONG YU SHUITU BAOCHI JISHU TANSUO

著　者：　任新星　刘本宝　邢鹏远
策划编辑：　于　宇
责任编辑：　于　宇
文字编辑：　田玉肖
营销编辑：　马　萱　钟筱童
出版发行：　中译出版社
地　址：　北京市西城区新街口外大街 28 号 102 号楼 4 层
电　话：　（010）68002494（编辑部）
邮　编：　100088
电子邮箱：　book@ctph. com. cn
网　址：　http://www. ctph. com. cn

印　刷：　北京四海锦诚印刷技术有限公司
经　销：　新华书店
规　格：　787 mm×1092 mm　1/16
印　张：　12. 75
字　数：　220 千字
版　次：　2025 年 1 月第 1 版
印　次：　2025 年 1 月第 1 次印刷

ISBN 978-7-5001-7672-5　　定价：　68. 00 元

前　言

　　水利工程是一项利国利民的基础工程建设项目，用以防止水害对人民财产以及生命安全造成危害，实现合理利用水资源的目的。在水利工程中，水土保持是重要环节，同时也是水利工程中的难点。如何加强水土保持工作是水利工程建设中亟须解决的问题，所以加强对水利工程中水土保持工作的研究显得尤为重要。

　　本书是水利工程和水土保持方面的书籍，主要研究水利工程施工与水土保持技术。本书首先从水利工程施工基础与管理组织入手，针对水利工程施工技术、水利工程施工管理以及工程管理现代化之信息化建设进行了分析；其次对水土流失、水土保持以及生态修复做了探讨，并探索了铺草皮护坡、液力喷播植草护坡、客土喷播植被护坡、三维植被网护坡等生态技术；最后探讨了水土保持监测与信息管理。本书力求深入浅出，条理清晰，希望对水利工程施工与水土保持的应用创新有一定的借鉴意义。

　　由于编纂时间较短，同时编者理论和实践的认知水平有限，书中难免存在不足，敬请读者以及行业专家批评指正。

作者

2023 年 10 月

目　录

第一章　水利工程施工综述

第一节　水利工程施工基础

一、水利工程施工理念

《现代汉语词典》中对"水利"一词有两种解释：一是指利用水力资源和防止水灾害的事业；二是指水利工程，如兴修水利。《现代汉语词典》对"工程"也有两种解释，其中一种是：土木建筑或其他生产、制造部门用较大而复杂的设备来进行的工作。确切地说，水利工程是对天然水资源兴水利、除水害所修建的工程（包括设施和措施）。"设施"是指为进行某项工作或满足某种需要而建立起来的机构、系统、组织、建筑等。"措施"是指针对某种情况而采取的处理办法。"施工"是按照设计的规格和要求建筑房屋、桥梁道路、水利工程等。

水利工程施工就是按照设计的规格和要求，建造水利工程的过程。所以，施工的目的是实现设计和满足运用需要。施工的依据是规划设计的成果。施工的特征包括实践性和综合性，实践性是指工程必须经得起实际运用的检验，容不得半点虚假和疏忽，综合性是指单纯靠工程技术难以实现规划设计的目的，需要综合运用自然科学和社会科学的知识及经验。施工的目标要追求安全经济，主要表现在质量和进度上。保证质量才能保证安全，这是一切效益的根本前提，有效益就有"盈利→再生产→再盈利"的良性循环。保证进度才有效益，这需要科学又先进的施工方法和管理方法。

过去，以人力施工为主时，施工技术主要研究工种的施工工艺。现在，随着科学的发展和技术的进步，更加讲究施工机械与工艺及其组合并用于各种建筑物时的施工方案与要求，同时对科学、系统的施工管理提出了更高的要求。施工单位负责工程施工，需要建设单位按时进行工程结算，以获得资金财务上的支持，需要设计单位及时提供图纸，需要材料、设备供应单位按质按量适时供应所需的材料和设备，以保证施工的顺利进行。而我国又将工程建设纳入基本建设管理，只有工程建设项目列入政府规划，有了获批的项目建议书以后，才能进行初步查勘和可行性研究；只有可行性研究报告经审核通过，才可编制设计任务书，落实勘察设计单位，开展相应的勘测、设计和科研工作；只有当开工准备已具有相当程度，场内外交通已基本解决，主要施工场地已经清理平整，风、水、电供应和其他临建工程已能满足初期施工要求时，才能提出开工报告，转入主体工程施工。因此，施工管理又必须符合国家对工程建设管理的要求，笼统地讲，就是要按基本建设程序办事。

二、水利工程建设程序

任何一个工程的建设过程都是由一系列紧密联系的工作环节所组成的。为了保证建设项目的正常进行和顺利实现，国家将工程建设过程中各阶段、各环节之间存在的内在程序关系进行科学化和规范化，建立工程建设项目必须遵守的基本建设程序。

水利工程建设也要严格遵守国家的基本建设程序。就水利工程建设项目而言，其工程规模庞大、枢纽建筑布局复杂、涉及施工工种繁多，难免会对工程施工产生较大干扰；复杂的水文、气象、地形、地质等条件，则会给整个施工过程带来许多不确定的因素，进而加大施工难度；工程建设期间涉及建设、设计、施工、监理、供货等众多部门，相互间的组织、协调工作量较大。根据水利工程建设的特点，在总结国内外大量工程建设实践的基础上，我国逐步形成了现行的水利水电工程基本建设程序。

工程项目建设过程，通常从进度上划分为规划、设计、施工三大阶段。就水利工程建设项目的建设过程而言，具体划分为编制项目建议书、可行性研究、设计、开工准备、组织施工、生产准备、竣工验收、投产运行、项目后评价九个小阶段。这些阶段既有前后顺序联系，又有平行搭接关系，在每个阶段以及阶段与阶段之间，又由一系列紧密相连的工作环节构成了一个有机整体。

（一）编制项目建议书

项目建议书是在区域规划和流域规划的基础上，对某建设项目的建议性专业规划。项目建议书主要是对拟建项目做出初步说明，供政府选择并决定是否列入国民经济中长期发展计划。其主要内容为：概述项目建设的依据，提出开发目标和任务，对项目所在地区和附近有关地区的建设条件及有关问题进行调查分析和必要的勘测工作，论证工程项目建设的必要性，初步分析项目建设的可行性与合理性，初选建设项目的规模、实施方案和主要建筑物布置，初步估算项目的总投资。区域规划和流域规划中都包括专业规划和综合规划，专业规划服从综合规划；区域规划、流域规划、国民经济发展规划之间的关系，是前者为后者提供建议，但前者最终要服从后者。

（二）可行性研究

可行性研究是在项目建议书的基础上，对拟建工程进行全面技术经济分析论证的设计文件。其主要任务是：明确拟建工程的任务和主要效益，确定主要水文参数，查清主要地质问题，选定工程场址，确定工程等级，初选工程布置方案，提出主要工程量和工期。初步确定淹没、用地范围和补偿措施，对环境影响进行评价，估算工程投资，进行经济和财务分析评价，在此基础上提出关于技术上的可行性和经济上的合理性的综合论证，以及工程项目是否可行的结论性意见。

（三）设计

1. 初步设计

可行性研究报告经审核通过，即意味着建设项目已初步确定。可根据可行性研究报告编制设计任务书，落实勘察设计单位，开展相应的勘测、设计和科研工作。初步设计是在可行性研究的基础上，在设计任务书的指导下，通过进一步勘察，对工程及其建筑物进行的最基本的设计。

其主要任务是：对可行性研究阶段的各种基本资料进行更详细的调查、勘测、试验和补充，确定拟建项目的综合开发目标、工程及主要建筑物等级、总体布局、主要建筑物形式和轮廓尺寸、主要机电设备形式和布置，确定总工程量、施工方法、施工总进度和总概算，进一步论证在指定地点和规定期限内进行建设的可行性和合理性。

2. 招标设计

招标设计是为进行水利工程招标而编制的设计文件，是编制施工招标文件和施工计划的基础。招标设计要在已经批准的初步设计及概算的基础上，对已经确定实行投资包干或招标承包制的大中型水利水电工程建设项目，根据工程管理与投资的支配权限，按照管理单位及分标项目的划分，按投资的切块分配进行分块设计，以便对工程投资进行管理与控制，并作为项目投资主管部门与建设单位签订工程总承包（或投资包干）合同的主要依据。同时，提交满足业主控制和管理所需要的，按照总量控制、合理调整的原则编制的内部预算，即业主预算，也称为执行概算。

3. 施工详图

初步设计经审定核准，可作为国家安排建设项目的依据，进而制订基本建设年度计划，开展施工详图设计以及与有关方面签订协议合同。施工详图是在初步设计和招标设计的基础上，绘制具体施工图的设计，是现场建筑物施工和设备制作安装的依据。

其主要内容为：建筑物地基开挖图，地基处理图，建筑物体形图、结构图、钢筋图，金属结构的结构图和大样图，机电设备、埋件、管道、线路的布置安装图，监测设施布置图、细部图等，并说明施工要求、注意事项、所选用材料和设备的型号规格、加工工艺等。施工详图不用报审。施工详图设计为施工提供能按图建造的图纸，允许在建设期间陆续分项、分批完成，但必须先于工程施工进度的相应准备时期。

（四）开工准备

初步设计及概算文件获批后，建设项目即可编制年度建设计划，据以进行基本建设拨款、贷款。水利工程的建设周期较长，为此，应根据批准的总概算和总进度，合理安排分年度的施工项目和投资。分年度计划投资的安排，要与长期计划的要求相适应，要保证工程的建设特性和连续性，以确保建设项目在预定的周期内能顺利建成投产。

初步设计文件和分年度建设计划获批后，建设单位就可进行主要设备的申请订货。

在建设项目的主体工程开工之前，还必须完成各项施工准备工作，其主要内容如下：第一，落实工程永久占地与施工临时用地的征用，落实库区淹没范围内的移民安置；第二，完成场地平整及通水、通电、通信、通路等工程；第三，建好必需的生产和生活临时建筑工程；第四，完成施工招投标工作，并择优选定监理单位、施工单位和主要材料的供应厂家。

建设单位按照获批的建设文件，组织工程建设，保证项目建设目标的实现。建设单位必须按审批权限，向主管部门提出主体工程开工申请报告，经批准后，主体工程方能正式开工。

（五）组织施工

施工阶段是工程实体形成的主要阶段，建设、设计、监理、供应和施工各方都应围绕建设总目标的要求，为工程的顺利实施积极协作配合。建设单位（项目法人）要充分发挥建设管理的主导作用，为施工创造良好的条件。设计单位应按时、按质完成施工详图的设计，满足主体工程进度的要求。监理单位要在建设单位的授权范围内，制订切实可行的监理计划，发挥自己在技术和管理方面的优势，独立负责项目的建设工期、质量、投资的控制及现场施工的组织协调。供应单位应严格遵照供应合同的要求，将所需设备和材料保质、保量、按时供应到位。施工单位应严格遵照施工承包合同的要求，建立现场管理机构及质量保证措施，合理组织技术力量，加强工序管理，服从监理监督，力争按质量要求如期完成工程建设。

（六）生产准备

生产准备是建设项目投产前所须进行的一项重要工作，是建设阶段转入生产经营阶段的必要条件。建设单位应按照建管结合和项目法人责任制的要求，在施工过程中按时组建专门机构，适时做好各项生产准备工作，为竣工验收后的投产运营创造必要的条件。

生产准备应根据不同类型的工程要求确定，一般应包括如下内容。

一是生产组织准备。建立生产经营的管理机构及相应管理规章制度。

二是招收和培训生产人员。按照生产运营的要求，配备生产管理人员，并通过多种形式的培训，提高人员素质，使之满足运营要求。要组织生产管理人员参与工程的施工建设、设备的安装调试及工程验收，使其熟练掌握与工程投产运营有关的生产技术和工艺流程，为顺利衔接基本建设和生产经营做好准备。

三是生产技术准备。生产技术准备主要包括技术资料的收集汇总、运行方案的制订、岗位操作规程的制定等工作。

四是生产物资准备。生产物资准备主要是落实投产运营所需要的原材料、工（器）具、备件的制造或订货，以及其他协作配合条件的准备。

五是正常的生活福利设施准备。

（七）竣工验收

竣工验收是工程完成建设目标的标志，是全面考核基本建设成果、检验设计和工程质量、办理移交手续、交付投产运营的重要环节。当建设项目的建设内容全部完成，并经过所有单位工程验收，符合设计要求时，可向验收主管部门提出申请，根据国家颁布的验收规程，组织单项工程验收。

验收的程序会随工程规模大小而有所不同，一般分两个阶段验收，即初步验收和正式验收。工程规模较大、技术较复杂的建设项目可先进行初步验收。初步验收工作由监理单位会同设计、施工、质量监督、主管单位代表共同进行，初步验收的目的是帮助施工单位发现遗漏的质量问题，及时补救；待施工单位对初步验收中发现的问题做出必要的处理之后，再申请有关单位进行正式验收。在竣工验收阶段，建设单位要认真清理所有财产和物资，办理工程结算，并编制好工程竣工决算，报上级主管部门审查。

（八）投产运行

验收合格的项目，办理工程正式移交手续，工程即从基本建设转入生产运营或试运行。

（九）项目后评价

建设项目竣工投产并已生产运营 1~2 年后，对项目所做的系统综合评价，称为项目后评价。其主要内容如下：

一是影响评价，即评价项目投产后对各方面的影响。

二是效益评价，即对项目投资、国民经济效益、财务效益、技术进步、规模效益、可行性研究深度等进行评价。

三是过程评价，即对项目的立项、设计、施工、建设管理、竣工投产、生产运营等全过程进行评价。

项目后评价的目的是总结项目建设的成功经验。对于项目管理中存在的问题，及时进行纠正并吸取教训，为今后类似项目的实施，在提高项目决策水平和投资效果方面积累宝贵经验。

上述基本建设程序的组成环节、工作内容、相互关系、执行步骤等，是经过水利工程建设的长期实践总结出来的，反映了基本建设活动应有的、内在的、本质的、必然的联系。由于水利工程建设规模较大，牵涉因素较多，且工作条件复杂、效益显著、施工建造难度大、一旦失事后果严重，因此，水利工程建设必须严格遵守基本建设程序和规范规程。

三、水利工程施工的任务

第一，在编制项目建议书、可行性研究、初步设计、施工准备和施工阶段，根据其不同要求、工程结构的特点，以及工程所在地区的自然条件，社会经济状况，设备、材料、人力等资源供应情况，编制施工组织设计和投标计价。

第二，建立现代项目管理体系，按照施工组织设计，科学地使用人力、物力、财力，组织施工，按期完成工程建设，保证施工质量，降低工程成本，多快好省地全面完成施工任务。

第三，在施工过程中开展观测、试验和研究工作，推动水利水电建设科学技术的进步。

第四，在生产准备、竣工验收和后评价阶段，完善工程附属设施及施工缺陷部位，并完成相应的施工报告和验收文件。

四、水利工程施工的特点

（一）受自然条件影响大

工程多在露天环境中进行，水文、气象、地形、工程地质和水文地质等自然条件在很大程度上影响着工程施工的难易程度和施工方案的选择。在河床上修建水工建筑物，不可避免地要控制水流，进行施工导流，以保证工程施工的顺利进行。在冬季、夏季和雨天施工时，必须采取相应的措施，避免气候影响的干扰，保证施工质量及进度。

（二）工程量和投资大，工期长

水利枢纽工程量一般都很大，有的甚至巨大，修建时须花费大量的资金，同时施工工期也很长。例如，中国三峡水利枢纽工程，仅混凝土浇筑总量就有 2 820 万立方米，工程静态投资人民币 900 多亿元，动态投资人民币 2 000 多亿元，施工总工期 17 年。又如，中国黄河小浪底水利枢纽工程，土石方填筑为 5 570 万立方米，土石方开挖 3 905 万立方米。所以，加快施工进度，缩短建设周期，降低工程造价，对水利水电工程建设具有重大意义。

（三）施工质量要求高

水利工程多为挡水和泄水建筑物，一旦失事，对下游国民经济和生命财产会造成很大的损失，所以需要提高施工质量要求，稳定、安全、防渗、防冲、防腐蚀等必须得到保证。

（四）相互干扰限制大

水利工程一般由许多单项工程组成，布置比较集中，工种多，工程量大，施工强度高，再加上地形条件的限制，施工干扰比较大，因此，必须统筹规划，重视现场施工与管理。

（五）多方因素制约施工

修建水利工程会涉及许多部门，如在河道上施工的同时，往往还要满足通航、发电、下游灌溉、工业及城市用水等的需要，这会使施工组织和管理变得复杂化。

（六）作业安全难保障

在水利水电工程施工中有爆破作业、地下作业、水域作业和高空作业等，这些作业常常平行交叉进行，对施工安全非常不利。

（七）临建工程修建多

水利工程多建在荒山峡谷河道，交通不便，人烟稀少，常需要修建临时性建筑，如施工导流建筑物、辅助工厂、道路、房屋和生活福利设施，这些都会大大增加工程难度。

（八）组织管理难度大

水利工程施工不仅涉及许多部门，而且会影响区域的社会、经济、生态甚至气候等因素，施工组织和管理所面临的是一个复杂的系统。因此，必须采取系统分析的方法，统筹兼顾，全局优化。

第二节　水利工程施工技术基础

一、土石方施工

土石方施工是水利工程施工的重要组成部分。我国土石方施工得到快速发展，在工程规模、机械化水平、施工技术等各方面取得了很大成就，解决了一系列复杂地质、地形条件下的施工难题，如深厚覆盖层的坝基处理、筑坝材料、坝体填筑、混凝土面板防裂、沥青混凝土防渗等施工技术问题。其中：在工程爆破技术、土石方明挖、高边坡加固技术等方面已处于国际先进水平。

（一）工程爆破技术

炸药与起爆器材日益更新，施工机械化水平不断提高，为爆破技术的发展创造了重要条件。多年来，爆破施工从以手风钻为主发展到潜孔钻，并由低风压向中高风压发展，这为加大钻孔直径和提高钻孔速度创造了条件；液压钻机的应用，进一步提高了钻孔效率和精度；多臂钻机及反井钻机的采用，使地下工程的钻孔爆破进入了新阶段。近年来，通过引进开发混装炸药车，实现了现场连续式自动化合成炸药生产工艺和装药机械化，进一步稳定了产品质量，改善了生产条件，提高了装药水平，增强了爆破效果。此外，深孔梯段爆破、洞室爆破开采坝体堆石料技术也日臻完善，既满足了坝料的级配要求，又加快了坝料的开挖速度。

（二）土石方明挖

挖凿岩机具和爆破器材不断创新，极大地促进了梯段爆破及控制爆破技术的发展，使原有的微差爆破、预裂爆破、光面爆破等技术更趋完善；施工机具的大型化、系统化、自动化使得施工工艺和施工方法发生了重大变革。

1. 施工机械

常用的机械设备有钻孔机械、挖装机械、运输机械和辅助机械四大类，形成了配套的开挖设备。

2. 控制爆破技术

基岩保护层原采用分层开挖，经多个工程试验研究和推广应用，发展到采用水平预裂（或光面）爆破法和孔底设柔性垫层的小梯段爆破法一次爆除，确保了开挖质量，加快了施工进度。特殊部位的控制爆破技术解决了在新浇混凝土结构、基岩灌浆区、锚喷支护区附近进行开挖爆破的难题。

3. 土石方平衡

在大型水利工程施工中，十分重视对开挖料的利用，力求挖填平衡，其常被用作坝（堰）体填筑料、截流用料和加工制作成混凝土砂石骨料等。

（三）高边坡加固技术

水利工程高边坡常采用抗滑结构或锚固技术等进行处理。

1. 抗滑结构

① 抗滑桩。抗滑桩能有效且经济地治理滑坡，尤其是滑动面倾角较小时，效果更好。

② 沉井。沉井在滑坡工程中既起抗滑桩的作用，又能起挡墙的作用。

③ 挡墙。混凝土挡墙能有效地从局部解决滑坡体受力不平衡的问题，阻止滑坡体变形和延展。

④框架、喷护。混凝土框架对滑坡体表层坡体起保护作用，并能增强坡体的整体性，防止地表水渗入和坡体风化。框架护坡具有结构物轻、用料省、施工方便、适用面广、便于排水等优点，并可与其他措施结合使用。另外，耕植草本植被也是治理永久边坡的常用措施。

2. 锚固技术

预应力锚索具有不破坏岩体结构、施工灵活、速度快、干扰小、受力可靠、主动承载等优点，在边坡治理中应用广泛。大吨位岩体预应力锚固吨位已提高到 6 167kN，张拉设备张拉力提高到 6 000 kN，锚索长度达 61.6 m，可加固坝体、坝基、岩体边坡、地下洞室围岩等，锚固技术达到了国际先进水平。

二、混凝土施工

（一）混凝土施工技术

目前，混凝土采用的主要技术情况如下。

一是混凝土骨料人工生产系统达到国际水平。采用混凝土骨料人工生产系统可以调整骨料粒径和级配。该生产系统配备了先进的破碎轧制设备。

二是为满足大坝高强度浇筑混凝土的需要，在拌和、运输和仓面作业等环节配备大容量、高效率的机械设备。大型塔机、缆式起重机、胎带机和塔带机等施工机械代表了我国混凝土运输的先进水平。

三是大型工程混凝土温度控制主要采用风冷骨料技术，其具有效果好、实用的优点。

四是为减少混凝土裂缝，工程中广泛采用补偿收缩混凝土。应用低热膨胀混凝土筑坝技术可节省投资、简化温度控制措施、缩短工期。一些高拱坝的坝体混凝土，可外掺氧化镁进行温度变形补偿。

五是中型工程广泛采用组合钢模板，而大型工程普遍采用大型悬臂钢模板。模板尺寸有 2m×3m、3m×2.5m、3m×3m 等多种规格。滑动模板在大坝溢流面、隧洞、竖井、混凝土井中应用广泛。牵引动力分为液压千斤顶提升、液压提升平台上升、有轨拉模及无轨拉模等多种类型。

（二）泵送混凝土技术

泵送混凝土是指将混凝土从混凝土搅拌运输车或储料斗中卸入混凝土泵的料斗，并利用泵的压力将其沿管道水平或垂直输送到浇筑地点的工艺。它具有输送能力强（水平运输距离达 800m，垂直运输距离达 300m）、速度快、效率高、节省人力、能连续作业等特点。目前在国外，如美国、日本、德国、英国等都广泛采用此技术，其中尤以日本为甚。在我国，目前的高层建筑及水利工程领域已较广泛地采用了此技术，并取得了较好的效果。泵送混凝土对设备、原材料、操作都有较高的要求。

1. 对设备的要求

① 混凝土泵有活塞泵、气压泵、挤压泵等类型，目前应用较多的是活塞泵，这是一种较先进的混凝土泵。施工时要合理布置泵车的安放位置，一般应尽量靠近浇筑地点，并能满足两台泵车同时就位，以使混凝土泵连续浇筑。泵的输送能力为 80 m³/h。

② 输送管道一般由钢管制成，直径有 100 mm、125 mm 和 150 mm 等，具体型号取决于粗骨料的最大粒径。管道敷设时要求路线短、弯道少、接头密。管道清洗一般选择水洗，要求水压不超过规定，而且人员应远离管道，并设置防护装置以免伤人。

2. 对原材料的要求

混凝土应具有可泵性，即在泵压作用下，混凝土能在输送管道中连续稳定地通过而不产生离析，它取决于拌和物本身的和易性。在实际应用中，和易性往往根据坍落度来判断，坍落度越小，和易性就越小，但坍落度太大又会影响混凝土的强度，因此，一般认为坍落度为 8~20cm 较合适，具体值要根据泵送距离、气温来决定。

① 水泥。要求选择保水性好、泌水性小的水泥，一般选择硅酸盐水泥或普通硅酸盐水泥。但由于硅酸盐水泥水化热较大，不宜用于大体积混凝土工程，所以施工中一般掺入粉煤灰。掺入粉煤灰不仅对降低大体积混凝土的水化热有利，还能改善混凝土的黏塑性和保水性，利于泵送。

② 骨料。骨料的种类、形状、粒径和级配对泵送混凝土的性能会产生很大影响，必须严格控制。粗骨料的最大粒径与输送管内径之比宜为 1:3（碎石）或 1:2.5（卵石）。另外，要求骨料颗粒级配尽量理想。细骨料的细度模数为 2.3~3.2。粒径在 0.315 mm 以下的细骨料所占的比例不应小于 15%，以达到 20% 为优，这对改善可泵性非常重要。

实践证明，掺入粉煤灰等掺合料会显著提高混凝土的流动性，因此要适量添加。

3. 对操作的要求

泵送混凝土时应注意以下规定。

① 原材料与试验一致。

② 材料供应要连续、稳定，以保证混凝土泵能连续运作，计量自动化。

③ 检查输送管接头的橡皮密封圈，以保证密封完好。

④ 泵送前，应先用适量的、与混凝土成分相同的水泥浆或水泥砂浆润滑输送管内壁。

⑤ 试验人员随时检测出料的坍落度，并及时调整，运输时间应控制在初凝之前（45 分钟内）。预计泵送间歇时间超过 45 分钟或混凝土出现离析现象时，应对该部分混凝土做废料处理，并立即用压力水或其他方法冲掉管内残留的混凝土。

⑥ 泵送时，泵体料斗内应有足够的混凝土，以防止吸入空气造成阻塞。

三、新技术、新材料、新设备的使用

（一）喷涂聚脲弹性体技术

喷涂聚脲弹性体技术是近年来国外为适应环保需求而研制开发的一种新型无溶剂、无污染的绿色施工技术。该技术具有以下优点。

一是无毒性，满足环保要求。

二是力学性能好，拉伸强度最高可达 27 MPa，撕裂强度为 43.9~105.4 kN/m。

三是抗冲耐磨性能强，其抗冲耐磨性能是 C40 混凝土的 10 倍以上。

四是防渗性能好，在 2 MPa 水压作用下，24 h 不渗漏。

五是低温柔性好，在 -30℃ 时对折不产生裂纹。

六是耐腐蚀性强，即使在水、酸、碱、油等介质中长期浸泡，性能也不会降低。

七是具有较强的附着力，在混凝土、砂浆、沥青、塑料、铝、木材等材料上都能很好地附着。

八是固化速度快，5 s 凝胶，1 min 即可达到步行所需的强度。可在任意曲面、斜面及垂直面上喷涂成型，涂层表面平整、光滑，可以对基材形成良好的保护作用，并有一定的装饰作用。

（二）喷涂聚脲弹性体施工材料

喷涂聚脲弹性体施工材料可以选用美国的进口 AB 双组分聚脲、中国水利水电科学研究院生产的 SK 手刮聚脲等。双组分聚脲的封边采用 SK 手刮聚脲。

（三）喷涂聚脲弹性体施工设备

喷涂聚脲弹性体施工设备采用美国卡士马生产的主机和喷枪。这套设备施工效率高，可连续操作，喷涂 100 m² 仅需 40 min。一次喷涂施工厚度在 2 mm 左右，克服了以往须多层施工的弊病。

辅助设备有空气压缩机、油水分离器、高压水枪（进口）、打磨机、切割机、电锤、搅拌器、黏结强度测试仪等。

除此之外，针对南水北调重点工程建设，我国还研制开发了多种形式的低扬程大流量水泵、盾构机及其配套系统、大断面渠道衬砌机械、斗轮式挖掘机（用于渠道开挖）、全断面岩石隧道掘进机（TBM），以及人工制砂设备、成品砂石脱水干燥设备、特大型预冷式混凝土拌和楼、双卧轴液压驱动强制式拌和楼、塔式混凝土布料机、大骨料混凝土输送泵成套设备等。

第三节　水利工程施工管理基础

一、水利工程施工管理的概念

水利工程施工管理与其他工程施工管理一样，是随着社会的发展进步和项目的日益复杂化，经过水利系统几代人的努力，在总结前人历史经验，吸纳其他行业成功模式和研究世界先进管理水平的基础上，结合本行业特点逐渐形成的一门公益性基础设施项目管理学科。水利工程施工管理的理念在当今人们的生产实践和日常工作中起到了极其重要的作用。

对每一个工程，上级主管部门、建设单位、设计单位、科研单位、招标代理机构、监理单位、施工单位、工程管理单位、当地政府及有关部门甚至老百姓等与工程有关甚至无关的单位和个人，都会关心工程项目的施工管理，因此，学习和掌握水利工程施工管理对从事水利行业的人员有一定的积极作用，尤其对具有水利工程施工资质的企业和水利建造师等管理人员来说更应了解和熟悉，学会并总结水利工程施工管理将有助于提高工程项目实施效益和企业声誉，从而扩展企业市场，发展企业规模，壮大企业实力，振兴水利事业。

施工管理水平的提高对于中标企业尤其是项目部来说，是缩短建设工期、降低施工成本、确保工程质量、保证施工安全、增强企业信誉、开拓经营市场的关键，历来被各专业施工企业所重视。施工管理涉及工艺操作、技术掌控、工种配合、经济运作和关系协调等综合活动，是管理战略和实施战术的良好结合及运用，因此，整个管理活动的主要程序及内容如下。

第一，从制订各种计划（或控制目标）开始，通过制订的计划（或控制目标）进行协调和优化，从而确定管理目标。

第二，按照确定的计划（或控制目标）进行以组织、指挥、协调和控制为中心的连贯活动。

第三，依据实施过程中反馈和收集的相关信息及时调整原来的计划（或控制目标）形成新的计划（或控制目标）。

第四，按照新的计划（或控制目标）继续进行组织、指挥、协调、控制和调整等核心的具体活动，周而复始，直至达到或实现既定的管理目标。水利工程施工管理是施工企业对其中标的工程项目派出专人，负责在施工过程中对各种资源进行计划、组织、协调和控制，最终实现管理目标的综合活动。这是最基本和最简单的概念理解，它有以下三层含义。

一是水利工程施工管理是工程项目管理范畴，更是在管理的大范围内，领域是宽广的，内容是丰富的，知识和经验是综合的。

二是水利工程施工管理的对象就是水利水电工程施工全过程，对施工企业来说就是企业以往、在建和今后待建的各个工程的施工管理，对项目部而言，就是项目部本身正在实施的项目建设过程的管理。

三是水利工程施工管理是一个组织系统和实施过程，重点是计划、组织和控制。

由此可见，水利工程施工管理随着工程项目设计的日益发展和对项目施工管理的总结完善，已经从原始的意识决定行为上升到科学的组织管理，以及总结提炼这种组织管理而形成的行业管理学科。也就是说，它既是一种有意识地按照水利工程施工的特点和规律对工程实施组织和管理的活动，又是以水利工程施工组织管理活动为研究对象的一门科学，专门研究和探求科学组织、管理水利工程施工活动的理论和方法，从对客观实践活动进行理论总结到以理论总结指导客观实践活动，二者相互促进，相互统一，共同发展。

基于以上观点，水利工程施工管理的概念为：水利工程施工管理是以水利工程建设项目施工为管理对象，通过一个临时固定的专业柔性组织，对施工过程进行有针对性和高效率的规划、设计、组织、指挥、协调、控制、落实和总结等动态管理，最终达到管理目标的综合协调与优化的系统管理方法。

所谓实现水利工程施工全过程的动态管理是指在规定的施工期内，按照总体计划和目标，不断进行资源的配置和协调，不断做出科学决策，从而使项目施工的全过程处于最佳的控制和运行状态，最终产生最佳的效果。所谓施工目标的综合协调与优化是指施工管理应综合协调好技术、质量、工期、安全、资源、资金、成本、文明、环保、内外协调等约束性目标，在相对最短的时间内成功地达到合同约定的成果性目标并争取获得最佳的社会效益。水利工程施工管理的日常活动通常是围绕施工规划、施工设计、施工组织、施工质量、安全管理、资源调配、成本控制、工期控制、文明施工和环境保护九项基本任务来展开的，这也是项目经理的主要工作线和面。

水利工程施工管理贯穿项目施工的整个实施过程，它是一种运用既有规律又无定式且经济的方法，通过对施工项目进行高效率的规划、设计、组织、指导、控制、落实等，在时间、费用、技术、质量、安全等综合效果上达到预期目标。

　　水利工程施工的特点也表明它所需要的管理及其管理办法与一般作业管理不同，一般的作业管理只须对效率和质量进行考核，并注重将当前的执行情况与前期进行比较。在典型的项目环境中，尽管一般的管理办法也适用，但管理结构须以任务（活动）定义为基础来建立，以便进行时间、费用和人力的预算控制，并对技术、风险进行管理。

　　在水利工程施工管理过程中，管理者并不直接对资源的调配负责，而是制订计划后通过有关职能部门调配、安排和使用资源，调拨什么样的资源、什么时间调拨、调拨数量多少等，都取决于施工技术方案、施工质量和施工进度等。水利工程施工管理根据工程类型、使用功能、地理位置和技术难度等不同，组织管理的程序和内容有较大的差异。一般来说，建筑物工程在技术上比单纯的土石方工程复杂，工程项目和工程内容比较繁杂，涉及的材料、机电设备、工艺程序、参建人员、职能部门、资源、管理内容等较多，不确定性因素占的比例较重，尤其是一些大型水电站、水闸、船闸和泵站等枢纽工程，其组织管理的复杂程度和技术难度远远高于土石方工程；同时，同一类型的工程在大小、地理位置和设计功能等方面有差别，在组织管理上虽有雷同，但因质量标准、施工季节、作业难度、地理环境等不同也存在很大的差别。因此，针对不同的施工项目制定不同的组织管理模式和施工管理方法是组织和管理好该项目的关键，不能生搬硬套。目前，水利工程施工管理已经在水利工程建设领域中被广泛应用。

　　水利工程施工管理是以项目经理负责制为基础的目标管理。一般来讲，水利工程施工管理是按任务（垂直结构）而不是按职能（平行结构）组织起来的。

　　施工管理自诞生以来发展迅速，目前已发展为三维管理体系。

　　时间维：把整个项目的施工总周期划分为若干个阶段计划和单元计划，进行单元计划和阶段计划控制，各个单元计划实现了就能保证阶段计划实现，各个阶段计划完成了就能确保整个计划的落实，即常说的"以单元工期保阶段工期，以阶段工期保整体工期"。

　　技术维：针对项目施工周期的各不同阶段计划和单元计划，制定和采用不同的施工方法及组织管理方法并突出重点。

　　保障维：对项目施工的人、财、物、技术、制度、信息、协调等的后勤保障管理。

二、水利工程施工管理的要素

　　要理解水利工程施工管理的定义就必须理解项目施工管理所涉及的直接和间接要素，资源是项目施工得以实施的最根本保证，需求和目标是项目施工实施结果的基本要求，施工组织是项目施工实施运作的核心实体，环境和协调是项目施工取得成功的可靠依据。

（一）资源

资源的概念和内容十分广泛，一切具有现实和潜在价值的东西都是资源，包括自然资源和人造资源、内部资源和外部资源、有形资源和无形资源，诸如人力、人才、材料、资金、信息、科学技术、市场、无形资产、专利、商标、信誉以及社会关系等。在当今科学技术飞速发展的时期，知识经济的时代正在到来，知识作为无形资源的价值表现得更加突出。资源轻型化、软化的现象值得重视。

在工程施工管理中，要及早摆脱仅仅管好、用好硬资源的习惯，尽早学会和掌握学好、用好软资源的方法，这样才能跟上时代的步伐，才能真正组织和管理好各种工程项目的施工过程。水利工程施工管理本身作为管理方法和手段，随着社会的进步和高科技在工程领域的应用及发展，已经成为一种广泛的社会资源，它给社会和企业带来的直接及间接效益不是用简单的数字就可以表达出来的。

资源有一次性特点，这里的资源不同于其他组织机构的资源，它具有明显的临时拥有和使用特性。资金要在工程项目开工后从发包方预付和计量，特殊情况下中标企业还要临时垫支。人力（人才）需要根据承接的工程情况挑选和组织甚至招聘。施工技术和工艺方法没有完全的成套模式，只能参照以往的经验和相关项目的实施方法，经总结和分析后，结合自身情况和要求制定。施工设备和材料必须根据该工程具体施工方法和设计临时调拨和采购，周转材料和部分常规设备还可以在工程所在地临时租赁。社会关系在当今是比较复杂的，不同工程含有不同的人群环境，需要有尽量适应新环境和新人群的意识，不能我行我素，固执己见，要具备适应新的环境和人群的能力和素质。对于执行的标准和规程，不同项目会有不同的制度，即使同一个企业安排同样数量的管理人员也是数同人不同，即使人同，项目内容和位置等也会不同。

因此，水利工程施工过程中资源需求变化很大，有些资源用尽前或不用后要及时偿还或遣散，如永久材料、人力资源及周转性材料和施工设备等，在施工过程中应根据进度要求随时增减。任何资源积压、滞留或短缺都会给项目施工带来损失，因此，合理、高效地使用和调配资源对工程项目施工管理尤为重要，学会和掌握了对各种施工资源的有序组织、合理使用和科学调配，就掌握了水利工程施工管理的精髓。

（二）需求和目标

水利工程施工中利益相关者的需求和目标是不同和复杂的。通常把需求分为两类：一类是必须满足的基本需求，另一类是附加获取的期望要求。

就工程项目部而言，其基本需求涉及工程项目实施的范围内容、质量要求、利润或成本目标、时间目标、安全目标、文明施工和环境保护目标，以及必须满足的法规要求和合同约定等。在一定范围内，施工质量、成本控制、工期进度、安全生产、文明施工和环境保护这五者是相互制约的。

一般而言，当工期进度要求不变时，施工质量要求越高，则施工成本就越高；当施工成本不变时，施工质量要求越高，则工期进度相对越慢；当施工质量标准不变时，施工进度过快或过慢都会导致施工成本增加。在施工进度相对紧张时，往往会放松安全管理，造成各种事故，反而延缓了施工时间。文明施工和环境保护目标要实现必然会直接增加工程成本，这一目标往往会被一些计较效益的管理者忽视，有的直接应付或放弃。殊不知，做好文明施工和环境保护工作恰恰能给安全目标、质量目标和工期目标等的实现创造有利条件，还可能会给项目或企业带来意想不到的间接效益和社会影响。施工管理的目的是谋求快、好、省、安全、文明和赞誉等有机统一，好中求快，快中求省，好、快、省中求安全和文明，并最终获得最佳赞誉，这是每一个工程项目管理者所追求的最高目标。如果把项目实施的范围和规模一起考虑在内的话，可以将控制成本替代追求利润作为项目管理实现的最终目标（施工项目利润＝施工项目收益−施工实际成本）。

工程施工管理要寻求使施工成本最小从而达到利润最大的工程项目实施策略和规划。因而，科学合理地确定该工程相应的成本是实现最好效益的基础和前提。企业常常通过项目的实施树立形象、站稳脚跟、开辟市场、争取支持、减少阻力、扩大影响并获取最大的间接利益。比如，一个施工企业以前从未打入某一地区或一个分期实施的系列工程刚开始实施，有机会通过第一个中标项目进入当地市场或及早进入该系列工程，明智的企业决策者对该项目一定很重视，除了在项目部人员安排和设备配置上花费超出老市场或单期工程的代价，还会要求项目部在确保工程施工硬件的基础上，完善软件效果。

"硬件创造品牌，软件树立形象，硬软结合产生综合效益"，这是任何企业的管理者都应该明白的道理，因此，一个新市场的新项目或一个系列工程的第一次中标对急于开辟该市场或稳定市场的企业来说无异于雪中送炭，重视的绝不仅是该工程建设的质量和眼前的效益，而是通过组织管理达到施工质量优良、施工工期提前、安全生产保障、施工成本最小、文明施工和环境保护措施有效、关系协调有力、业主评价良好、合作伙伴宣传、设计和监理放心、运行单位满意、社会影响良好的综合效果。在此强调新市场项目或分期工程，并不是说对一些单期工程或老市场的项目企业就可以不重视，对单期工程或老市场的项目同样应当根据具体情况制定适合工程项目管理的考核目标和计划，只是侧重点不同而已。

而现实工作中，背离目标或一味地追求短期目标最终适得其反的工程项目不在少数，成败主要取决于企业对项目制定什么样的政策、选派什么样的项目经理、配备什么样的班子。项目施工的管理者是决定项目成败的根本，而成功的管理者来源于具有综合能力与素质的人才，施工企业的决策者都应做到重视人才、培养人才、锻炼人才、吸纳人才、利用人才、团结人才、调动人才、凝聚人才。人才的诞生和去留主要取决于企业的政策和行动，与企业风气、领导者的作风、企业氛围、社会环境等也有很大关系。作为企业主管者，要经常思考怎样吸纳和积聚人才，怎样培养和使用人才，怎样激励和发展人才。作为一个管理者，更应抓住人才并用好人才。

对于在工程项目施工过程中项目部所面对的其他利益相关者，如发包方、设计单位、监理单位、地方相关部门、当地百姓、供货商、分包商等，它们的需求又和项目部不同，各有各的需求目标。

总之，一个施工项目的不同利益相关者有不同的需求，有的相差甚远，甚至是互相抵触和矛盾的，这就更需要工程项目管理者对这些不同的需求加以协调，统筹兼顾，分类管理，以取得大局稳定和平衡，最大限度地调动工程项目所有利益相关者的积极性，减少他们给工程项目施工组织管理带来的阻力和消极影响。

（三）施工组织

组织就是把多个本不相关的个人或群体联系起来，做一件个人或独立群体无法做成的事，是管理的一项功能。项目施工组织不是依靠企业品牌和成功项目的范例就可以成功的。作为一个项目经理，要管理好一个项目，首要的问题就是要懂得如何组织，而成功的组织又要充分考虑工程建设项目的组织特点，抓不住项目特点的组织将是失败的组织。

例如，工程项目施工组织过程中经常会遇到别的项目不曾出现的问题，这些问题的解决主要依靠项目部本身，但也可以咨询某一个有经验的局外人或企业主管部门，甚至动用私人关系。对工程项目的质量和安全等检查是由不同的组织发起的，比如工程主管部门、发包单位、主管部门和发包单位组成的团队。工程项目的验收、审计等可能要委托或组建新的机构，如专家、项目法人、审计机构等。总之，项目施工组织是在不断地更替和变化的，必须针对所有更替和变化有一定的预见性和掌控协调能力。要想成功组织好一个项目，应先做好人员组织，人员组织的基本原则是因事设人。人员的组织和使用必须根据工程项目的具体任务事先设置相应的组织机构，使组织起来的人员各有其位，并根据机构的职能对应选人。事前选好人，事中用活人，事后激励人，是项目管理中的用人之道。

人员组织和使用原则是根据工期进度事始人进，事毕人迁，及时调整。工程项目的一次性特点，决定了它与企业本部和社会常设机构等不同。工程项目机构设置灵活，组织形式实用，人员进出不固定，柔性、变性突出，这就要求项目经理具备一定的预见性和协调能力。安排某个人员来之前就要考虑其走的时候，考虑走的人员又要调整来的人员。对人员的组织和使用，必须避免或尽量减少"定来不定走，定坑不挪窝，不用走不得，用者调不来"的情况发生。

工程项目施工组织的柔性还反映在各个项目利益相关者之间的联系都是有条件的、松散的，甚至是临时性的，所有利益相关者是通过合同、协议、法规、义务、社会关系、经济利益等结合起来的，因此，在项目组织过程中要有针对性地加以区别组织。工程项目施工组织不像其他工作组织那样有明晰的组织边界，项目利益相关者及其部分成员在工程项目实施前属于其他项目组织，该项目实施后才属于同一个项目组织，有的还兼顾其他项目组织，而在工程项目实施中途或完毕后可能又属于另一个项目组织。如许多水利工程项目法人，在该工程建设前可能是另一个部门或单位的负责人，工程建设开始前调到水利部门任要职，待工程项目竣工后可能又调到新的岗位或部门。再如，材料或劳务供应者，在该项目实施前就已经为其他施工企业提供货源或人力，在该项目实施后才与项目部合作，同时，有可能还给原来的项目或其他新项目等提供服务。

另外，工程项目中各利益相关者的组织形式也是多种多样的，有的是政府部门，有的是事业单位，有的是国有企业，有的是个体经营者，这些差异都决定着项目管理者在组织时要采取不同的措施。

因此，水利工程施工管理在上述意义上不同于政府部门、军队、工厂、学校、超市、宾馆等有相对规律性和固定模式的管理，必须具备超前的应变反应能力和稳定的处事心理素质，才能及时适应工程项目施工组织的特点并发挥出最佳水平。

工程项目的施工组织结构对工程项目的组织管理有着重要的影响，这与一般的项目组织是相同的。一般的项目组织结构主要有三种结构形式：职能式结构、项目单列式结构和矩阵式结构。就常规来讲，职能式结构有利于提高效率，它是按既定的工作职责和考核指标进行工作和接受考核的，职责明确，目标明晰；项目单列式结构有利于取得效果，有始有终，针对性强；矩阵式结构兼具两者优点，但也会带来某些不利因素。

建造师想要成为一名成功的项目经理，必须在实践工作中充分学习和掌握相关知识和经验。施工组织是工程项目管理的关键和前提，建造师应公正地评价自己在施工组织方面的实力和条件，衡量自己能否胜任项目管理工作。

工程项目一次性的特点务必引起企业管理者和所有建造师的高度重视，成功和失败都是一次性的，一旦失败，后悔莫及，因此，作为企业主管者，在挑选项目经理时一定要慎重，力争对所有候选者进行综合比较和筛选，建造师本人在赴任项目经理岗位前更要谨慎，必须做到针对该项目特点全面、公正地衡量自己，量力而行，一旦失误尤其是大的失误将会给企业和社会造成重大损失且无法弥补。而如果一个建造师通过实践锻炼和经验积累，掌握了一个项目经理应掌握的施工组织、管理及技术等，充分发挥个人才能，组织和管理好每个工程项目，又将是企业和社会的一大幸事，也是自身价值和能力的充分展现。

（四）环境和协调

要使工程项目施工管理取得成功，项目经理除了需要对项目本身的组织及其内部环境有充分的了解，还需要对工程项目所处的外部环境有正确的认识和把握，同时根据内外部环境进行有效协调和驾驭，才能达到内部团结合作，外部友好和谐。内外部环境协调涉及的领域十分广泛，每个领域的历史、现状和发展趋势都可能对工程项目施工管理产生或多或少的影响，在某种特定情况下甚至是决定性的影响。

第四节　水利工程施工组织设计

一、施工组织设计的作用、任务和内容

（一）施工组织设计的作用

施工组织设计是水利水电工程设计文件的重要组成部分，是确定枢纽布置、优化工程设计、编制工程总概算及国家控制工程投资的重要依据，是组织工程建设和施工管理的指导性文件。做好施工组织设计，对正确选定坝址和坝型、枢纽布置及工程设计优化，以及合理组织工程施工、保证工程质量、缩短建设工期、降低工程造价、提高工程效益等都有十分重要的作用。

（二）施工组织设计的任务

施工组织设计的主要任务是根据工程所在地区的自然、经济和社会条件，制订合理的施工组织设计方案，包括合理的施工导流方案、施工工期和进度计划、施工场地组织设施与施工规模，以及合理的生产工艺与结构物形式，合理的投资计划、劳动组织和技术供应

计划，为确定工程概算、确定工期、合理组织施工、进行科学管理、保证工程质量、降低工程造价、缩短建设周期等，提供切实可行、可靠的依据。

（三）施工组织设计的内容

1. 施工条件分析

施工条件包括工程条件、自然条件、物质资源供应条件及社会经济条件等，具体有：工程所在地点，对外交通运输情况，枢纽建筑物及其特征；地形、地质、水文、气象条件；主要建筑材料来源和供应条件，当地水电情况；施工期间通航、过木、过鱼、供水、环保等要求；国家对工期、分期投产的要求；施工用电、居民安置，以及与工程施工有关的协作条件等。

总之，施工条件分析须在简要阐明上述条件的基础上，着重分析它们对工程施工可能带来的影响。

2. 施工导流设计

施工导流设计应在综合分析导流的基础上，确定导流标准，划分导流时段，明确施工分期，选择导流方案、导流方式和导流建筑物，进行导流建筑物的设计，提出导流建筑物的施工安排，拟定截流、拦洪、排水、通航、过水、下闸封孔、供水、蓄水、发电等措施。

3. 主体工程施工

主体工程包括挡水、泄水、引水、发电、通航等主要建筑物，应根据各自的施工条件，对施工程序、施工方法、施工强度、施工布置、施工进度和施工机械等，进行比较和选择。必要时，应针对其中的关键技术问题，如特殊基础的处理、大体积混凝土温度控制、土石坝合龙、拦洪等问题，做出专门的设计和论证。

对于有机电设备和金属结构安装任务的工程项目，应对主要机电设备和金属结构，如水轮发电机组、升压输变设备、闸门、启闭设备等的加工、制作、运输、预拼装、吊装，以及土建工程与安装工程的施工顺序等问题，做出相应的设计和论证。

4. 施工交通运输

施工交通运输分对外交通运输和场内交通运输两种。其中，对外交通运输是在弄清现有对外水陆交通和发展规划的情况下，根据工程对外运输总量、运输强度和重大部件的运输要求，确定对外交通运输的方式，选择线路和线路的标准，规划沿线重大设施以及该工程与国家干线的连接，明确相应的工程量。施工期间，若有船、木过坝问题，应做出专门的分析论证，并提出解决方案。

5. 施工工厂设施和大型临建工程

施工工厂设施，如混凝土骨料开采加工系统和土石料加工系统、混凝土拌和系统和制冷系统、机械修配系统、汽车修配厂、钢筋加工厂、预制构件厂、照明系统，以及风、水、电、通信系统等，均应根据施工的任务和要求，分别确定各自的位置、规模、设备容量、生产工艺、工艺设备、平面布置、占地面积、建筑面积和土建安装工程量，并提出土建安装进度和分期投产的计划。大型临建工程，如施工栈桥、过河桥梁、缆机平台等，要做出专门设计，确定其工程量和施工进度的安排。

6. 施工总布置

施工总布置的主要任务是根据施工场区的地形地貌、枢纽和主要建筑物的施工方案、各项临建设施的布置方案，对施工场地进行分期、分区和分标规划，确定分期、分区布置方案和各承包单位的场地范围。对土石方的开挖、堆弃和填筑进行综合平衡，提出各类房屋分区布置一览表，估计施工征地面积，提出占地计划，研究施工还地造田的可能性。

7. 施工总进度

施工总进度的安排必须符合国家对工程投产所提出的要求。为了保证施工进度，必须仔细分析工程规模、导流程序、对外交通、资源供应、临建准备等各项控制因素，拟订整个工程（包括准备工程、主体工程和结束工作在内）的施工总进度计划，确定各项目的起迄日期和相互之间的衔接关系；对于导流截流、拦洪度汛、封孔蓄水、供水发电等控制环节的工程应达到的程度，须做出专门的论证；对于土石方、混凝土等主要工程的施工强度，以及劳动力、主要建筑材料、主要机械设备的需用量，要进行综合平衡；要分析施工工期和工程费用的关系，提出合理工期的推荐意见。

8. 主要技术供应计划

根据施工总进度的安排和对定额资料的分析，针对主要建筑材料（如钢材、木材、水泥、粉煤灰、油料、炸药等）和主要施工机械设备，制订总需要量和分年需要量计划。此外，在进行施工组织设计中，必要时还需要进行实验研究和补充勘测，从而为进一步设计和研究提供依据。

在完成上述设计内容时，还应给出以下资料：①施工场外交通图；②施工总布置图；③施工转运站规划布置图；④施工征地规划范围图；⑤施工导流方案综合比较图；⑥施工导流分期布置图；⑦导流建筑物结构布置图；⑧导流建筑物施工方法示意图；⑨施工期通航过木布置图；⑩主要建筑物土石方开挖施工程序及基础处理示意图；⑪主要建筑物混凝土施工程序、施工方法及施工布置示意图；⑫主要建筑物土石方填筑程序、施工方法及施工布置示意图；⑬地下工程开挖、衬砌施工程序、施工方法及施工布置示意图；⑭机电设备、金属结构安装施工示意图；⑮砂石料系统生产工艺布置图；⑯混凝土拌和系统及制冷系统布置图；⑰当地建筑材料开采、加工及运输线路布置图；⑱施工总进度表及施工关键线路图。

二、施工组织设计的编制资料及编制原则、依据

（一）施工组织设计的编制资料

1. 可行性研究报告施工部分须收集的基本资料

可行性研究报告施工部分须收集的基本资料包括：①可行性研究报告阶段的水工及机电设计成果；②工程建设地点的对外交通现状及近期发展规划；③工程建设地点及附近可能提供的施工场地情况；④工程建设地点的水文、气象资料；⑤施工期（包括初期蓄水期）通航、过木、下游用水等要求；⑥建筑材料的来源和供应条件调查资料；⑦施工区水源、电源情况及供应条件；⑧各部门对工程建设期的要求及意见。

2. 初步设计阶段施工组织设计须补充收集的基本资料

初步设计阶段施工组织设计须补充收集的基本资料包括：①可行性研究报告及可行性研究阶段收集的基本资料；②初步设计阶段的水工及机电设计成果；③进一步调查落实可行性研究阶段收集的各项资料；④当地的修理、加工能力；⑤当地承包市场的情况，当地可能提供的劳动力情况；⑥当地可能提供的生活必需品的供应情况，居民的生活习惯；⑦工程所在河段的洪水特性、各种频率的流量及洪量、水位与流量的关系、冬季冰凌的情况（北方河流）、施工区各支沟各种频率的洪水和泥石流情况，以及上下游水利工程对本工程的影响情况；⑧工程地点的地形、地貌、水文地质条件，以及气温、水温、地温、降水、风力、冻层、冰情和雾的特性资料。

3. 技施阶段施工规划须进一步收集的基本资料

技施阶段施工规划须进一步收集的基本资料包括：①初步设计中的施工组织总设计文件及初步设计阶段收集到的基本资料；②技施阶段的水工及机电设计资料与成果；③进一步收集的国内基础资料和市场资料；④补充收集的国外基础资料与市场信息（国际招标工程需要）。

（二）施工组织设计的编制

施工组织设计编制应遵循以下原则。

第一，执行国家有关方针、政策，严格执行国家基建程序，遵守有关技术标准、规

程、规范，并符合国内招标投标的规定和国际招标投标的惯例。

第二，面向社会，深入调查，收集市场信息。根据工程特点，因地制宜地提出施工方案，并进行全面的技术、经济比较。

第三，结合国情积极开发和推广新技术、新材料、新工艺和新设备。凡经实践证明技术经济效益显著的科研成果，应尽量采用，努力提高技术水平和经济效益。

第四，统筹安排，综合平衡，妥善协调各分部分项工程，均衡进行施工。

(三) 施工组织设计的编制依据

施工组织设计的编制依据有以下五个方面。

第一，上阶段施工组织设计成果及上级单位或业主的审批意见。

第二，本阶段水工、机电等专业的设计成果，有关工艺试验或生产性试验的成果及各专业对施工的要求。

第三，工程所在地区的施工条件（包括自然条件、水电供应、交通、环保、旅游、防洪、灌溉、航运及规划等）和本阶段的最新调查成果。

第四，目前国内外可能达到的施工水平、具备的施工设备及材料供应情况。

第五，上级机关、国民经济各有关部门、地方政府及业主单位对工程施工的要求、指令、协议、有关法律和规定。

第二章　水利工程施工技术

第一节　土方与砌筑工程施工

一、土方工程施工

（一）土方挖运

1. 人工挖运

我国水利工程施工中，一些工程量小或受施工条件约束不便于机械施工的地方，仍须采用人工挖运作业。挖土用铁锹、镐、三齿耙等工具，运土用筐、手推车、架子车等工具。人工挖运施工简单，断面控制准确，对土体无扰动，但劳动强度大，施工进度慢，工程单价较高。受地下水影响的土方施工中，应先挖设排水沟，并保证施工中排水通畅。

2. 机械挖运

（1）挖掘机

①单斗挖掘机

单斗挖掘机由工作装置、行驶装置和动力装置组成。按工作装置不同有正铲、反铲、索铲和抓铲等。行驶装置有履带式、轮胎式两种。动力装置可分为内燃机拖动、电力拖动和复合拖动等。按操纵方式不同，单斗挖掘机可分为机械式（钢索）和液压操纵两种。

施工过程中的常用单斗挖掘机有以下几种：

正铲挖掘机。正铲挖掘机是土方开挖中常用的一种机械。它具有稳定性好、挖掘力大、生产率高等优点。适用于Ⅰ～Ⅳ类土及爆破石碴的挖掘。正铲挖掘机的挖土特点是：向前向上，强制切土，主要挖掘停机面以上的土石料。按其与运输工具相对停留位置的不同，有侧向开挖和正向开挖两种方式，采用侧向开挖时，挖掘机回转角度小，生产效率高。

反铲挖掘机。反铲挖掘机是正铲挖掘机的一种换用装置，一般斗容量较正铲差，工作循环时间比正铲长 8%~30%。其稳定性及挖掘力均比正铲差，适于Ⅰ~Ⅲ类土。反铲挖土特点是：向后向下，强制切土。主要挖掘停机面以下的土石料，多用于开挖深度不大的基槽和水下石碴。其开挖方式分沟端开挖和沟侧开挖两种。

抓铲挖掘机。抓铲挖掘机可以挖掘停机面以下的土石料。水利水电工程中常用于开挖集水井、深井及挖掘深水中的物料，其挖掘深度可达 30m 以上。

索铲挖掘机。索铲挖掘机适宜于开挖停机面以下的土石料，其斗容量较大，多用于开挖深度较大的基槽、沟渠和水下土石。

②多斗挖掘机

多斗挖掘机是一种连续工作的挖掘机械，从构造上可以分链斗式和斗轮式两种。

链斗式采砂船。链斗式采砂船是一种构造简单，生产效率较高，适用大规模采集河道中砂砾料的多斗挖掘机。

斗轮式挖掘机。斗轮挖掘机的斗轮安装在可仰俯的斗轮臂上，斗轮上装有多个铲斗，当斗轮转动时，即行挖土，当铲斗转动到最高位置时，土靠自重卸落到受料皮带机上，最终卸入运输工具或直接送至料堆，斗轮式挖掘机多用于料场大规模取土作业，它的特点是连续作业，生产效率高，斗臂倾角可以改变，开挖范围大，可适应不同形状的工作面。

（2）推土机

推土机是一种在拖拉机上安装有推土工作装置（推土铲）的常用的土方工程机械。它可以独立完成推土、运土及卸土三种作业。在水利水电工程中，它主要用于平整场地，开挖基坑，推平填方及压实，堆积土石料及回填沟槽等作业，适用于100m 以内运距、Ⅰ~Ⅲ类土的挖运。

推土机按行走装置不同有履带式和轮胎式两类，履带式在工程中应用更为广泛。按传动方式不同有机械式、液力机械式和液压式三种。新型的大功率推土机多采用后两种方式。按推土铲安装方式又可分为回转式和固定式两种。固定式推土铲仅能升降，而回转式推土铲不仅能升降，还可以在三个方向调整一定的角度。固定式结构简单，使用广泛。

（3）铲运机

铲运机是一种能综合完成铲土、装土、运土、卸土并能控制填土厚度等工序的土方工程机械。其斗量从几立方米到几十立方米，适用于Ⅰ级土，经济运距为100~3500 m 的铲运作业。水利工程中多用于平整场地、开采土料、修筑渠道和路基等，对坚土进行铲运遇到困难时，应先用松土器对土壤耙松后再铲运，当土中有大块石或树根以及沼泽地区均不宜使用铲运机。

（4）装载机

装载机是装载松散物料的工程机械。它不仅可以对堆积的松散物料进行装、运、卸作业和短距离的运土（1.3 km 以内），也可以对岩石、硬土进行轻度挖掘和推土作业，还可以进行清理、刮平场地，起重、牵引等作业。配备相应的工作装置后又可完成松土，进行圆木、管状物理的挟持及装卸工作。工作效率高，用途广泛。装载机按行走方式可分为前卸式、后卸式、侧卸式和回旋式四种，前卸式结构简单，应用最广。按铲斗额定载重量可分为小型小于 1 t、轻型 1~3 t、中型 4~8 t、重型大于 10 t 等四种。

（5）运土机械

自卸汽车运输。自卸汽车运土机动灵活，通常与挖掘机配套作业。一般情况下，运距不宜小于 300 m，重车上坡最大允许坡度为 8%~10%，道路转弯半径不宜小于 20 m。

拖拉机运输。拖拉机运输是用拖拉机拖带拖车进行运输。拖拉机为履带式时，对道路要求低，行驶速度慢，适用于运距短，道路不好的情况；轮胎式拖拉机对道路的要求基本与汽车相同，适用于道路条件较好，运距较大的情况。

（二）土方压实

1. 压实影响因素与压实方法

（1）压实影响因素

土是三相体，即由固相的土料、液相的水和气相的空气组成。土料压实就是将被水包围的细土颗粒挤压填充到粗土颗粒间的孔隙中，从而排出空气，使土料的孔隙率和空隙率减小，密实度提高。

通过对土料的压实试验分析可知，影响土粒压实的因素与土料性质有关，有对黏性土料，有土的含水量、压实功及铺土厚度三个主要影响因素。在一定范围内，铺土厚度越小，压实功越大，土料的干重度越大。土料含水量对压实后干重度的影响相对较为复杂。当压实功一定时，土料的干重度随含水量的增大而增大，当含水量增大到某一临界值时，干重度达到最大值。如含水量进一步增大，干重度反而减小。临界值时的含水量是在此压实功下的最优含水量。同时，土料的最优含水量随压实功的增大而减小。对非黏土料，压实功及铺土厚度对土体压实效果的影响与黏性土一致。由于非黏性土透水性较强，含水量不再是压实的主要因素，但较多的水分有利于降低土料颗料间的摩阻力，故施工中通常要洒水压实。此外，颗粒级配的均匀性也影响着压实效果。颗粒级配不均匀的砂砾料比级配均均的砂土更易于压实。

（2）压实方法

对土料压实的方法大体可分为：碾压、夯实和振动三种。

2. 压实机械与压实机械的选择

（1）压实机械

①平碾

平碾为典型的利用碾压为作用原理的压实机械。其优点是构造简单；缺点是单位压力较小，压实影响深度小（200～250 mm 以下）。压实后表层与下层土密实度相差较大，层面光滑，上下层结合不良。平碾主要用于大面积压实黏性或非黏性土料，最适于道路施工。

②羊脚碾

在平碾碾轮的表面装上许多羊脚状的构件，平碾就变成了羊脚碾。其优点是单位压力大，压实影响深度大，不仅羊脚底部土料受压，而且羊脚侧部的土料也受到挤压，从而得到较大干重度；且滚动时，表层土料被翻松，有利于上下层间结合，羊脚碾仅适用于压实黏性土料。使用羊脚碾压实时有以下两种方式：

回转法。羊脚碾从填方的一侧开始，经过转弯从中心线的另一侧返回。逐圈错距以螺旋形开行路线逐渐移动进行压实。此法适用于碾压宽阔工作面，并可用多台碾同时碾压，中途不必停车，生产效率较高，但转弯处套压，重压过多，易引起土层扭曲，剪力破坏，同时转弯四角易于漏压。

进退法。这种压实方式是碾沿直线错距往复行驶进行压实。此法适用于碾压狭窄工作面。其优点是容易控制碾压遍数，碾压、铺土、质量检查工作易于协调，重压漏压少，易于保证质量，但后退时操作不便，方向较难掌握。羊脚碾的碾压遍数，按土层表面均被羊脚压过一遍，即可达到压实要求考虑，所以压实遍数 n 可按式（2-1）计算：

$$n = kS/mF$$

(2-1)

式中：k——羊脚在碾压时分布不均匀的修正系数，可取 1.3；

S——滚筒表面积；

m——滚筒上羊脚的个数；

F——每个羊脚的底面积；

③气胎碾

气胎碾为一种拖式机械。为了保护轮胎，停车时用千斤顶把金属箱顶起，并把轮胎的气放去一些。气胎碾与前两种刚性碾压实特性不同，它充气的轮胎在压实过程中具有一定的柔性，可以与土料同时发生变形。在开始时，土料松，轮胎的变形小，土层的压缩变形大。以后随着土壤的逐渐压实，轮胎的变形也逐渐增加，使得它们的接触面积增大，压力分布均匀。而且气胎碾压实土料时，土料受压的时间较长，有利于土层的压实。另外，气胎碾的最大特点就是能改变轮胎内充气压力，能控制作用于土料的最大应力在土料的极限强度之内，以适应压实不同性质土料的要求。所以，气胎碾既适于压实黏性土，也适于压实非黏性土。由于以上特性，气胎碾特别适宜于向重型发展。目前，国内碾重超过50 t，而国外的碾重已高达200 t，所以气胎碾是一种压实效果好，生产效率高的压实机械。

④振动碾

振动碾是一种振动和碾压作用相结合的压实机械，以上的各种碾均可制成振动碾。由于振动作用，振动碾的压实影响深度比一般碾压机械大1~3倍，可达1 m以上。故其生产效率很高，例如13 t牵引式振动碾，铺土厚度，石碴料有的高达2 m；砂砾石可达1.0~1.5 m，细粒土可达0.5~1.0 m。由此可以看出，振动碾对砂砾料、石碴类均能取得很好的压实效果。振动碾结构简单，制作方便，成本低廉，生产率高，是压实非黏性土石料的高效压实机械。

⑤夯

夯能适用于各类土体，特别适应狭窄工作面。

蛙式打夯机。工作时，电动机带动偏心块旋转，产生周期变化的离心力，使夯架、夯头以及底盘的前部一起一落，夯击土体同时向前跃进。采用蛙式打夯机夯实土壤时，均须套打，夯与夯，排与排的套重登宽度不小于10~15 cm。

人工夯。用木材、石材或铸铁制成片状或柱状。农村还常用打场用的石滚制成石滚碴，人工打夯要求一人喊号，大家行动一致，用力均匀，稳起稳落，鱼鳞套打，交错夯压。人工夯实劳动强度大，生产效率低。

振动平板夯。振动平板夯机动灵活，可贴边作业，用于小型土方工程或边角地带施工。

挖掘机夯板。挖掘机夯板由挖掘机改装而成，其夯板由铸铁制成，一般为圆形或方形，重1~2 t，提升高度1~3 m。

（2）压实机械的选择

选择压实机械主要考虑如下原则。

第一，与土料性质相适应。黏性土应优先选用羊脚碾、气胎碾、砾质土宜用气胎碾、夯。堆石及含有大粒径的砂卵石宜用振动碾。

第二，与土料含水量、原状土结构状态和设计压实标准相适应。对含水量高于最优含水量1%～2%的土料，宜用气胎碾，当重黏土的含水量低于最优含水量，原状土天然重度高并接近设计标准，宜用重型羊脚碾、夯板；当含水量较高且要求压实标准较低，可选用轻型平碾等。

第三，与施工强度、工作面条件和施工季节相适应。气胎碾，振动碾适用于施工强度高和抢工期的雨季作业；夯宜用于土体与岸坡或刚性建筑物的接触带，边角和沟槽等狭窄地带。冬季作业选择大功率高效能的机械。

第四，应与现有机械设备和使用某种设备的经验水平相适应。

二、砌筑工程

（一）基础知识

砌筑工程包括砖砌体和石砌体工程。它是一个综合的施工过程，包括材料准备、运输、搭设脚手架和砌体砌筑过程。砖砌体由砖和砂浆组成；石砌体包括干砌石和浆砌石，干砌石不用砂浆，浆砌石用砂浆。砖石砌体可就地取材，节约三大主材，造价低廉，施工技术容易掌握，故广为采用。

1. 砖石材料的种类及质量要求

（1）砖材

砖的种类很多，从使用原料的不同分为普通黏土砖、粉煤灰砖、炉渣砖等。在水利水电工程中应用较多的为普通烧结实心黏土砖，用黏土烧制而成，分机制砖与手工砖。按颜色分红砖和青砖两种。红砖的强度较高，但耐久性较差；青砖的耐久性比红砖好。质量好的砖棱角整齐、质地坚实、无裂缝翘曲、吸水率小、强度高、敲打声音发脆。色浅、声哑、强度低的砖为欠火砖；色较深、音甚响、有弯曲变形的砖为过火砖。

普通黏土砖的强度等级根据其抗压强度的大小分为 MU3.5、MU5、MU7.5、MU10 四个等级。MU3.5 代表的是抗压强度不小于 3.5 MPa 的砖，MU5 代表的是抗压强度不小于 5 MPa 的砖，MU7.5 代表的是抗压强度不小于 7.5 MPa 的砖，MU10 代表的是抗压强度不小于 10 MPa 的砖。普通砖、空心砖的吸水率宜在 10%～15%；灰砂砖、粉煤灰砖含水率宜在 5%～8%。吸水率越小，强度越高。普通黏土砖的尺寸为 240 mm ×115 mm ×53 mm，若加上砌筑灰缝的厚度（一般为 10 mm），则 4 块砖长、8 块砖宽、16 块砖厚都为 1 m。每 1 m³ 实心砖砌体须用砖 512 块。普通黏土砖根据强度等级、耐久性和外观质量分为特等砖、一等砖和二等砖。

砖的品种、强度等级必须符合设计要求，并应规格一致。用于清水墙、柱表面的砖，还应边角整齐、色泽均匀。无出厂证明的砖应做试验鉴定。

（2）石材

①块石

块石也叫毛料石，外形大致方正，一般不加工或仅稍加修整，大小 25～30 cm 见方，叠砌面凹入深度不应大于 25 mm，每块质量以不小于 30 kg 为宜，并具有两个大致平行的面。一般用于防护工程和涵闸砌体工程。

②片石（块石）

片石是开采石料时的副产品，体积较小，形状不规则，用于砌体中的填缝或小型工程的护岸、护坡、护底工程，不得用于拱圈、拱座以及有磨损和冲刷的护面工程。

③细料石

细料石经过细加工，外形规则方正，宽、厚大于 20 cm，且不小于其长度的 1/3，叠砌面凹入深度不大于 10 mm，多用于拱石外脸、闸墩圆头及墩墙等部位。

④粗料石

粗料石外形较方正，截面的宽度、高度不应小于 20 cm，且不应小于长度的 1/4，叠砌面凹入深度不应大于 20 mm，除背面外，其他五个平面应加工凿平。主要用于闸、桥、涵墩台和打墙的砌筑。

⑤卵石

卵石分河卵石和山卵石两种。河卵石比较坚硬，强度高。山卵石有的已风化、变质，使用前应进行检查。如颜色发黄，用手锤敲击声音不脆，表明已风化变质，不能使用。卵石常用于砌筑河渠的护坡、挡土墙等结构。石砌体的石料应选用未风化的坚硬石块，具有很高的抗压强度、良好的耐久性和耐磨性，表面清洁，吸水率小。

石料常用于砌筑基础、桥涵、挡土墙、护坡、沟渠、隧洞衬砌及闸坝工程中。石料的强度等级有 MU100、MU80、MU60、MU40、MU30、MU20、MU15 和 MU10 八个等级。水利水电工程常用的石材有石灰岩、砂岩、花岗岩、片麻岩等。风化的山皮石、冻裂分化的块石禁止使用。

在工地上可通过看、听、称判定石材质量。看，即观察打裂开的破碎面，颜色均匀一致，组织紧密，层次不分明的岩石为好；听，就是用手锤敲击石块，听其声音是否清脆，声音清脆响亮的岩石为好；称，就是通过称量计算出其表观密度和吸水率，看它是否符合要求，一般要求密度大于 2650 kg/m³，吸水率小于 10%。

（3）砌筑砂浆

砌筑施工常用的胶结材料，按使用特点，分砌筑砂浆、勾缝砂浆；按材料类型，分水泥砂浆、石灰砂浆、水泥石灰砂浆、石灰黏土砂浆、黏土砂浆等。处于潮湿环境或水下使用的砂浆应用水泥砂浆。石灰砂浆、水泥石灰砂浆只能用于较干燥的水上工程。而石灰黏土砂浆和黏土砂浆只用于小型水上砌体。

①水泥砂浆。常用的水泥砂浆强度等级分为 M15、M10、M7.5、M5、M2.5、M1、M0.4 七个级别。水泥强度级别不宜低于 22.5MPa，在水位变化区、受水流冲刷的部位以及有抗冻要求的砌体，其水泥强度级别不低于27.5MPa。沙子要求清洁，级配良好，含泥量小于3%。砂浆配合比应通过试验确定。

②石灰砂浆。石灰膏的淋制应在暖和不结冰的条件下进行，淋后两星期，使石灰充分熟化再用。配制砂浆时按配合比（一般灰砂比为1：3）取出石灰膏加水稀释成浆，再加入砂中拌和，直至颜色完全均匀一致为止。

③水泥石灰砂浆。水泥石灰砂浆是用水泥、石灰两种胶结材料配合与砂调制成的砂浆。拌和时先将水泥沙子干拌均匀，然后将石灰膏稀释成浆倒入拌和均匀。这种砂浆比水泥砂浆凝结慢，但自加水拌和到使用完不宜超过 2 h，不宜用于冬季施工。

砂浆质量是保证浆砌石施工质量的关键，配料时要求严格按设计配合比进行，要控制用水量；砂浆应拌和均匀，不得有砂团和离析，拌和时间一般为 1.5 min，水泥砂浆应在加水拌成后 3 h 内用完；混合砂浆应在拌成后 4 h 内用完。当气温较高时（高于30℃），水泥浆和混合砂浆则应分别在拌成后 2 h 和 3 h 用完。砂浆的运送工具使用前后均应清洗干净，不得有杂质和淤泥，运送时不要急剧下跌、颠簸，防止砂浆水砂分离。分离的砂浆应重新拌和后才能使用。

2. 砌筑的基本原则

砌体的抗压强度较大，但抗拉、抗剪强度低，仅为其抗压强度的 1/10~1/8，因此，砖石砌体常用于结构物受压部位。砖石砌筑时应遵守以下基本原则。

砌体应分层砌筑，其砌筑面力求与作用力的方向垂直，或使砌筑面的垂线与作用力方向间的夹角小于13°~16°，否则受力时易产生层间滑动；砌块间的纵缝应与作用力方向平行，否则受力时易产生楔块作用，对相邻块产生挤动；上下两层砌块间的纵缝必须互相错开，以保证砌体的整体性，以便传力。

（二）砌砖

砌砖工程包括材料供应、搭设脚手架、砌筑、勾缝等。砌筑前应做好准备工作。

1. 施工前的准备

（1）砖的准备

在常温下施工时，砌砖前一天应将砖浇水湿润，以免砌筑时因干砖吸收砂浆中大量的水分，使砂浆的流动性降低，砌筑困难，并影响砂浆的黏结力和强度。但也要注意不能将砖浇得过湿而使砖不能吸收砂浆中的多余水分，影响砂浆的密实性、强度和黏结力。一般要求砖润湿到半干湿（水浸入的深度不小于 15 mm）较为适宜。同时，不得在脚手架上浇水，如砌筑时砖块干燥操作困难，可用喷壶适当补充水分。

（2）砂浆的准备

砂浆的品种、强度等级必须符合设计要求，砂浆的稠度应符合规定。拌制中应控制好时间，使砂浆拌和均匀，做到随拌随用。运输中不漏浆、不离析，以保证施工质量。

（3）施工工具及机具的准备

砌筑工具主要有以下几种：大铲、瓦刀（泥刀）、刨锛、靠尺板（托线板）、线锤、皮数杆。

为了减轻工人劳动强度，尽量选用各式机械设备，如砂浆搅拌机、水平和垂直运输机械等。另外施工用的脚手架应具有足够的强度、刚度和稳定性。布置应满足施工操作与材料堆放和运料要求。

2. 砌筑的方式与方法

（1）砌筑方法

挤浆法：用灰勺、大铲或铺灰器在墙顶面上铺一段砂浆，然后用手拿砖挤入砂浆中放平，达到下齐边上齐线，挤砌一段后，用浆灌缝。这种砌砖方法的优点是可以连续挤砌几块砖，减少烦琐的动作，平堆平挤可使灰缝饱满，效率高，保证砌筑质量。

刮浆法：用瓦刀将砂浆刮满在砖面或砖棱上，随即砌上，这种方法砌筑质量好，但是效率低，此法仅适用于砌筑砖墙的特殊部位（如暖墙、烟囱等）。

"三一"砌筑法，即一块砖，一铲灰、一揉压并随手将挤出的砂浆刮去的砌筑方法。这种方法的优点是灰缝容易饱满、黏结力好、保证质量、墙面整洁。

（2）组砌方式

通常有以下几种方法：

一顺一丁法是一皮（层）顺砖（砖长面与墙长度方向平行的砖），一皮丁砖（砖的短面与墙身长度方向平行的砖）间隔叠砌，竖缝与竖缝都错开1/4砖长。这种方法普遍采用，生产效率较高。

梅花丁（十字式）是每匹中丁砖与顺砖相隔，上匹丁砖坐中于下匹顺砖，上下匹间竖缝相互错开 1/4 砖长。

三顺一丁法是三匹顺砖与一匹丁砖相隔叠砌。上下匹顺砖竖缝相错 1/2，上下匹顺砖与丁砖竖缝相错 1/4。

这种砌法因三匹顺砖内部有纵向通缝，其整体性不如一顺一丁，但减少了竖缝，有利于防渗，砌筑效率较高，常用于排水沟墙的砌筑中。

全丁砌法，全部用丁砖砌筑，上下匹竖缝相互错开 1/4 砖长，这种砌法仅用于圆弧形砌体（如水池、烟囱、水塔等）。

3. 砖砌筑的施工过程

砖砌筑过程一般包括：抄平→放线→摆砖→立匹数杆→挂线砌筑→勾缝（清水墙）→清理等工序。

（1）抄平

砌墙前先在基础面上定出标高，用水泥砂浆找平，使砖墙底部标高符合设计要求。

（2）放线

根据给出轴线和墙体尺寸，在基础面上用墨线弹墙的轴线和墙体的宽度线。

（3）摆砖

摆砖是在放好线的基面上，按选定组砌方式用砖试摆。摆砖的目的是校对所放出的墨线在洞口、墙垛等处是否符合砖的模数，以减少砍砖，并使砌体灰缝均匀，组砌得当。摆砖一般由有经验的工人操作。

（4）立皮数杆

匹数杆是控制每皮砖和灰缝厚度，以及洞口、梁底等标高位置的一种标志。一般将它立在墙的墙角、端头、墙的交接等处，在直线段每隔 10~15 m 立一根，立时应将皮数杆上的±0 与基础面上测出的±0 标高相一致，使其牢固和垂直。

（5）铺灰砌砖

各地使用工具和操作方法不完全一样，一般采用"三一"砌砖法。砌筑时先挂好通线，按摆好干砖位置将第一皮砖砌好，然后先盘角，盘角不宜超过六皮砖，在盘角过程中随时用靠尺检查墙角是否垂直平整，砖灰缝厚度是否符合皮数杆上的标志。在砌墙身时，每砌一层砖，挂线往上移动一次，砌筑过程中应三皮一吊，五层一靠，以保证墙面垂直平整。

（6）勾缝

清水墙砌完后，应进行勾缝。勾缝采用 1∶1.5 水泥砂浆，用特制工具，将墙身纵、横灰缝勾匀。

勾缝使墙身整洁，保证美观和防止风雨侵入墙身。勾缝形式：有平缝、凹缝和凸缝等形式一般为凹缝，其深度为 4~5 mm。

（7）清理

砌完数层砖以后，应对墙身进行清扫，并将落地灰打扫干净，拌和后使用。

4. 砖墙砌筑要点

砌筑前，先根据砖墙位置弹出墙身轴线及边线；立皮数杆时要用水准仪来进行抄平，使皮数杆上标的楼地面标高线位于设计标高位置上。皮数杆上画有砖的厚度，灰缝厚度、门窗、楼板、过梁、圈梁、屋架等构件位置。皮数杆竖立于墙角及某些交接处，其间距以不超过 15m 为宜；砖墙的水平灰缝厚度和竖向灰缝宽度一般为 10 mm，不得小于 8 mm，也不大于 12 mm。水平灰缝的砂浆饱满度应不低于 80%，严禁用水冲浆灌缝；砖墙的转角处和交接处应同时砌起，对不能同时砌而必须留槎时，应砌成斜槎，斜槎长度不应小于高度的 2/3。如留置斜槎确有困难时，除转角外，也可留直槎，但必须砌成阳槎，并加设拉结钢筋。拉结钢筋的数量为每半砖墙厚放置 1 根，每层至少 2 根，直径 6 mm；间距沿墙高不超过 500 mm，埋入长度从墙的留槎处算起，每边均不小于 500 mm，其末端应有 90°弯钩；砖墙每天砌筑高度以不超过 1.8 m 为宜，雨天施工不宜超过 1.2 m；墙中的洞口、管道、沟槽和预埋件等，应于砌筑时正确留出或预埋，宽度超过 50 cm 的洞口，其上方应砌筑平拱或设过梁。

5. 砖拱的砌法

目前，砖拱的砌筑多采用普通的标准砖，而将灰缝做成楔形即上宽下窄，最窄不小于 5 mm，最宽不超过 20 mm。如拱圈的厚度较大时，可将拱分成若干个拱环，分环砌筑，且第一道拱环必须立砌。砖拱砌筑前应先架设拱架，然后由两拱脚开始同时对称地砌向拱顶，最后在拱顶处合拢。

（三）砌石

1. 干砌石

干砌石是指不用任何胶凝材料把石块砌筑起来，包括干砌块（片）石、干砌卵石。一般用于土坝（堤）迎水面护坡、渠系建筑物进出口护坡及渠道衬砌、水闸上下游护坦、河道护岸等工程。

（1）砌筑前的准备工作

备料：在砌石施工中为缩短场内运距，避免停工待料，砌筑前应尽量按照工程部位及需要数量分片备料，并提前将石块的水锈、淤泥洗刷干净。

基础清理：砌石前应将基础开挖至设计高程，淤泥、腐殖土以及混杂有建筑残渣应清除干净，必要时将坡面或底面夯实，然后才能进行铺砌。

铺设反滤层：在干砌石砌筑前应铺设砂砾反滤层，其作用是将块石垫平，不会使砌体表面凹凸不平，减少其对水流的摩阻力；减少水流或降水对砌体基础土壤的冲刷；防止地下渗水逸出时带走基础土粒，避免砌筑面下陷变形；反滤层的各层厚度、铺设位置、材料级配和粒径以及含泥量均应满足规范要求，铺设时应与砌石施工配合，自下而上，随铺随砌，接头处各层之间的连接要层次清楚，防止层间错动或混淆。

（2）干砌石施工

干砌石施工工序为选石、试放、修凿和安砌。

①施工方法

常采用的干砌块石的施工方法有两种，即花缝砌筑法和平缝砌筑法。

花缝砌筑法多用于干砌片（毛）石。砌筑时，依石块原有形状，使尖对拐、拐对尖，相互联系砌成。砌石不分层，一般多将大面向上。这种砌法的缺点是底部空虚，容易被水流淘刷变形，稳定性较差，且不能避免重缝、迭缝、翘口等毛病。但此法优点是表面比较平整，故可用于流速不大、不承受风浪淘刷的渠道护坡工程。

平缝砌筑法一般多适用于干砌块石的施工。砌筑时将石块宽面与坡面竖向垂直，与横向平行。砌筑前，安放一块石块必须先进行试放，不合适处应用小锤修整，使石缝紧密，最好不塞或少塞小片石。这种砌法横向设有通缝，但竖向直缝必须错开。如砌缝底部或块石拐角处有空隙时，则应选用适当的片石塞满填紧，以防止底部砂砾垫层由缝隙淘出，造成坍塌。

②封边

干砌块石是依靠块石之间的摩擦力来维持其整体稳定的。若砌体发生局部移动或变形，将会导致整体破坏。边口部位是最易损坏的地方，所以，封边工作十分重要。对护坡水下部分的封边，常采用大块石单层或双层干砌封边，然后将边外部分用黏土回填夯实，有时也可采用浆砌石埂进行封边。对护坡水上部分的顶部封边，则常采用比较大的方正块石砌成40cm左右宽度的平台，平台后所留的空隙用黏土回填夯实。对于挡土墙、闸翼墙等重力式墙身顶部，一般用混凝土封闭。

③干砌石的砌筑要点

造成干砌石施工缺陷的原因主要是砌筑技术不良、工作马虎、施工管理不善以及测量放样错漏等。缺陷主要有缝口不紧、底部空虚、鼓心凹肚、重缝、飞缝、飞口（用很薄的边口未经砸掉便砌在坡上）、翘口（上下两块都是一边厚一边薄，石料的薄口部分互相搭接）、悬石（两石相接不是面的接触，而是点的接触）、浮塞叠砌、严重蜂窝以及轮廓尺寸走样等。

干砌石施工必须注意：干砌石工程在施工前，应进行基础清理工作；凡受水流冲刷和浪击作用的干砌石工程中采用竖立砌法（石块的长边与水平面或斜面呈垂直方向）砌筑，使其空隙为最小；重力式挡土墙施工，严禁先砌好里、外砌石面，中间用乱石充填并留下空隙和蜂窝；干砌块石的墙体露出面必须设丁石（拉结石），丁石要均匀分布。同一层的丁石长度，如墙厚等于或小于 40 cm 时，丁石长度应等于墙厚；如墙厚大于 40 cm，则要求同一层内外的丁石相互交错搭接，搭接长度不小于 15 cm，其中一块的长度不小于墙厚的 2/3；如用料石砌墙，则两层顺砌后应有一层丁砌，同一层采用丁顺组砌时，丁石间距不宜大于 2 m；用干砌石做基础，一般下大上小，呈阶梯状，底层应选择比较方整的大块石，上层阶梯至少压住下层阶梯块石宽度的 1/3；大体积的干砌块石挡土墙或其他建筑物，在砌体每层转角和分段部位，应先采用大而平整的块石砌筑；护坡干砌石应自坡脚开始自下而上进行；砌体缝口要砌紧，空隙应用小石填塞紧密，防止砌体在受到水流的冲刷或外力撞击时滑脱沉陷，以保持砌体的坚固性。一般规定干砌石砌体孔隙率应不超过 30%～50%；干砌石护坡的每一块石顶面一般不应低于设计位置 5cm，不高出设计位置 15 cm。

2. 浆砌石

浆砌石是用胶结材料把单个的石块联结在一起，使石块依靠胶结材料的黏结力、摩擦力和块石本身重量结合成为新的整体，以保持建筑物的稳固，同时，充填着石块间的空隙，堵塞了一切可能产生的漏水通道。浆砌石具有良好的整体性、密实性和较高的强度，使用寿命更长，还具有较好的防止渗水和抵抗水流冲刷的能力。

（1）砌筑工艺

铺筑面准备：对开挖成形的岩基面，在砌石开始之前应将表面已松散的岩块剔除，具有光滑表面的岩石须人工凿毛，并清除所有岩屑、碎片、泥沙等杂物。土壤地基按设计要求处理；对于水平施工缝，一般要求在新一层块石砌筑前凿去已凝固的浮浆，并进行清扫、冲洗，使新旧砌体紧密结合。对于临时施工缝，在恢复砌筑时，必须进行密毛、冲洗处理。

选料：砌筑所用石料，应是质地均匀，没有裂缝，没有明显风化迹象，不含杂质的坚硬石料。严寒地区使用的石料，还要求具有一定的抗冻性。

铺（座）浆：对于块石砌体，由于砌筑面参差不齐，必须逐块座浆、逐块安砌，在操作时还须认真调整，务使座浆密实，以免形成空洞；座浆一般只宜比砌石超前 0.5～1 m 左右，座浆应与砌筑和配合。

安放石料：把洗净的湿润石料安放在座浆面上，用铁锤轻击石面，使座浆开始溢出为度；石料之间的砌缝宽度应严格控制，采用水泥砂浆砌筑时，块石的灰缝厚度一般为2~4cm，料石的灰缝厚度为0.5~2 cm，采用小石混凝土砌筑时，一般为所用骨料最大粒径的2~2.5倍；安放石料时应注意，不能产生细石架空现象。

竖缝灌浆：安放石料后，应及时进行竖缝灌浆。一般灌浆与石面齐平，水泥砂浆用捣插棒捣实，小石混凝土用插入式振捣器振捣，振实后缝面下沉，待上层摊铺座浆时一并填满。

振捣：水泥砂浆常用捣棒人工插捣，小石混凝土一般采用插入式振动器振捣。应注意对角缝的振捣，防止重振或漏振；每一层铺砌完24~36h后（视气温及水泥种类、胶结材料强度等级而定），即可冲洗，准备上一层的铺砌。

（2）浆砌石施工砌筑方法

①基础砌筑

基础施工应在地基验收合格后方可进行。基础砌筑前，应先检查基槽（或基坑）的尺寸和标高，清除杂物，接着放出基础轴线及边线。对于土质基础，砌筑前应先将基础夯实，并在基础面上铺上一层3~5 cm厚的稠砂浆，然后安放石块。对于岩石基础，座浆前还应洒水湿润。

砌第一层石块时，基底应座浆。第一层使用的石块尽量挑大一些的，这样受力较好，并便于错缝。所有石块第一层都必须大面向下放稳，以脚踩不动即可。不要用小石块来支垫，要使石面平放在基底上，使地基受力均匀基础稳固。选择比较方正的石块，砌在各转角上，称为"角石"，角石两边应与准线相合。角石砌好后，再砌里、外面的石块，称为"面石"；最后砌填中间部分，称为"腹石"。砌填腹石时应根据石块自然形状交错放置，尽量使石块间缝隙最小，再将砂浆填入缝隙中，最后根据各缝隙形状和大小选择合适的小石块放入用小锤轻击，使石块全部挤入缝隙中。禁止采用先放小石块后灌浆的方法。

接砌第二层以上石块时，每砌一块石块，应先铺好砂浆，砂浆不必铺满、铺到边，尤其在角石及面石处，砂浆应离外边约4.5 cm，并铺得稍厚一些，当石块往上砌时，恰好压到要求厚度，并刚好铺满整个灰缝。灰缝厚度宜为20~30 mm，砂浆应饱满。阶梯形基础上的石块应至少压砌下级阶梯的1/2，相邻阶梯的块石应相互错缝搭接。基础的最上一层石块，宜选用较大的块石砌筑。基础的第一层及转角处和交接处，应选用较大的块石砌筑。块石基础的转角及交接处应同时砌起。如不能同时砌筑又必须留槎时，应砌成斜槎。

块石基础每天可砌高度不应超过4.2m，在砌基础时还必须注意不能在新砌好的砌体上抛掷块石，这会使已粘在一起的砂浆与块石受振动而分开，影响砌体强度。

②挡土墙

砌筑块石挡土墙时，块石的中部厚度不宜小于 20 cm；每砌 3~4 皮为一分层高度，每个分层高度应找平一次；外露面的灰缝厚度，不得大于 4 cm，两个分层高度间的错缝不得小于 8 cm；料石挡土墙宜采用同皮内丁顺相间的砌筑形式。当中间部分用块石填筑时，丁砌料石伸入块石部分的长度应小于 20 cm。

③桥、涵拱圈

浆砌拱圈一般选用于小跨度的单孔桥拱、涵拱施工，施工方法及步骤如下。

拱圈石料的选择。拱圈的石料一般为经过加工的料石，石块厚度不应小于 15 cm。石块的宽度为其厚度的 1.5~2.5 倍，长度为厚度的 2~4 倍，拱圈所用的石料应凿成楔形（上宽下窄），如不用楔形石块时，则应用砌缝宽度的变化来调整拱度，但砌缝厚薄相差最大不应超过 1 cm，每一石块面应与拱压力线垂直。因此，拱圈砌体的方向应对准拱的中心。

拱圈的砌缝。浆砌拱圈的砌缝应力求均匀，相邻两行拱石的平缝应相互错开，其相错的距离不得小于 10 cm。砌缝的厚度决定于所选用的石料，选用细料石，其砌缝厚度不应大于 1 cm；选用粗料石，砌缝不应大于 2 cm。

拱圈的砌筑程序与方法。拱圈砌筑之前，必须先做好拱座。为了使拱座与拱圈结合好，须用起拱石。起拱石与拱圈相接的面，应与拱的压力线垂直。

当跨度在 10 m 以下时，拱圈的砌筑一般应沿拱的全长和全厚，同时由两边起拱石对称地向拱顶砌筑；当跨度大于 10 m 以上时，则拱圈砌筑应采用分段法进行。分段法是把拱圈分为数段，每段长可根据全拱长来决定，一般每段长 3~6 m。各段依一定砌筑顺序进行，以达到使拱架承重均匀和拱架变形最小的目的。拱圈各段的砌筑顺序是：先砌拱脚，再砌拱顶，然后砌 1/4 处，最后砌其余各段。砌筑时一定要对称于拱圈跨中央。各段之间应预留一定的空缝，防止在砌筑中拱架变形面产生裂缝，待全部拱圈砌筑完毕后，再将预留空缝填实。

（3）勾缝与分缝

①勾缝

石砌体表面进行勾缝的目的，主要是加强砌体整体性，同时还可增加砌体的抗渗能力，另外也美化外观。

勾缝按其形式可分为凹缝、凸缝、平缝三种。在水工建筑物中，一般采用平缝。勾缝的程序是在砌体砂浆未凝固以前，先沿砌缝，将灰缝剔深 20~30 mm 形成缝槽，待砌体完成和砂浆凝固以后再进行勾缝。勾缝前，应将缝槽冲洗干净，自上而下，不整齐处应修整。勾缝的砂浆宜用水泥砂浆，砂用细砂。砂浆稠度要掌握好，过稠勾出缝来表面粗糙不光滑，过稀容易坍落走样。最好不使用火山灰质水泥，因为这种水泥干缩性大，勾缝容易开裂。砂浆强度等级应符合设计规定，一般应高于原砌体的砂浆强度等级。

砌体的隐蔽回填部分，可不专门做勾缝处理，但有时为了加强防渗，应事前在砌筑过程中，用原浆将砌缝填实抹平。

②伸缩缝

浆砌体常因地基不均匀沉陷或砌体热胀冷缩导致产生裂缝。为避免砌体发生裂缝，一般在设计中均要在建筑物某些接头处设置伸缩缝（沉陷缝）。施工时，可按照设计规定的厚度、尺寸及不同材料做成缝板。缝板有油毛毡（一般常用三层油毛毡刷柏油制成）、柏油杉板（杉板两面刷柏油）等，其厚度为设计缝宽，一般均砌在缝中。如采用前者，则须先立样架，将伸缩缝一边的砌体砌筑平整，然后贴上油毡，再砌另一边；如采用柏油杉板做缝板，最好是架好缝板，两面同时等高砌筑，无须再立样架。

（4）砌体养护

为使水泥得到充分的水化反应，提高胶结材料的早期强度，防止胶结材料干裂，应在砌体胶结材料终凝后（一般砌完 6~8 h）及时洒水养护 14~21 d，最低限度不得少于 7 d。养护方法是配专人洒水，经常保持砌体湿润，也可在砌体上加盖湿草袋，以减少水分的蒸发。夏季的洒水养护还可起降温的作用，由于日照长、气温高、蒸发快，一般在砌体表面要覆盖草袋、草帘等，白天洒水 7~10 次，夜间蒸发少且有露水，只须洒水 2~3 次即可满足养护需要。

冬季当气温降至 0℃ 以下时，要增加覆盖草袋、麻袋的厚度，加强保温效果。冰冻期间不得洒水养护。砌体在养护期内应保持正温。砌筑面的积水、积雪应及时清除，防止结冰。冬季水泥初凝时间较长，砌体一般不宜采用洒水养护。

养护期间不能在砌体上堆放材料、修凿石料、碰动块石，否则会引起胶结面的松动脱离。砌体后隐蔽工程的回填，在常温下一般要在砌后 28 d 方可进行，小型砌体可在砌后 10~12 d 进行回填。

（5）浆砌石施工的砌筑要领

砌筑要领可概括为"平、稳、满、错"四个字。"平"指同一层面大致砌平，相邻石块的高差宜小于 2~3 cm；"稳"指单块石料的安砌务求自身稳定；"满"指灰缝饱满密实，严禁石块间直接接触；"错"指相邻石块应错缝砌筑，尤其不允许顺水流方向通缝。

第二节　钻探与灌浆工程施工

一、钻孔灌浆机械设备

(一) 钻机

1. 钻机的分类及特点

灌浆钻孔用的钻机主要有冲击式和回转式两类。冲击式钻机钻进速度快，但钻孔时产生大量岩粉易堵塞岩石裂隙，影响灌浆效果。冲击式钻机多用于浅孔固结灌浆钻孔。回转式钻机钻孔时产生的岩粉较冲击式钻机少，且能采集柱状岩心标本，因此，在水利工程灌浆施工中得到广泛应用。

2. 水利工程常用的钻孔机械

回转式钻机为我国生产的油压式钻机，常用的回转式钻机如 XU300-2，由重庆探矿机械厂生产，适应于各种钻进方法以及各种地层情况，性能稳定可靠，操作方便灵活，自动化程度高。

(二) 制浆与贮浆设备

灌浆制浆与贮浆设备包括两个部分：一是浆液搅拌机，为拌制浆液用的机械，其转速较高，能充分分离水泥颗粒，以提高水泥浆液的稳定性；二是贮浆搅拌桶，贮存已拌制好的水泥浆，供给灌浆机抽取而进行灌浆用的设备，转速可较低，仅要求其能连续不断地搅拌，维持水泥浆不发生沉积。水泥灌浆常用的搅拌机主要有下列几种型式。

1. 旋流式搅拌机

这种搅拌机主要由桶体、高速搅拌室、回浆管和回浆阀、排浆管和排浆阀以及叶轮等组成。高速搅拌室内装有叶轮，设置于桶体的一侧或两侧，由电动机直接带动。

搅拌机的工作原理：浆液由桶底出口被叶轮吸入搅拌室内，借叶轮高速（一般为 1500~2000 r/min）旋转产生强烈的剪切作用，将水泥充分分散，而后经由回浆管返回浆桶。当浆液返回回浆桶时，以切线方向流入桶内时，在桶内产生涡流，这样往复循环，使浆液搅拌均匀。待水泥浆拌制好后，关闭回浆阀，开启排浆阀，将浆液送入储浆搅拌桶内。

这种搅拌机，转速高，搅拌均匀，搅拌时间短。

2. 叶浆式搅拌机

这种搅拌机，结构简单。它是靠搅拌机中装着的两个或多个能回转的叶浆来搅动拌制浆液的，搅拌机的转速一般均较低。分为立式和卧式两种型式。

（1）立式搅拌机

岩石基础灌浆常用的水泥浆搅拌机是立式双层叶浆型的，上层为搅拌机，下层为储浆搅拌桶，两者的容积相同（常用的容积有 150L、200L、300L 和 500 L 四种），同轴搅拌，上层搅拌好的水泥浆，经过筛网将其中大颗粒及杂质滤除后，放入下层待用。

（2）卧式搅拌机

最常用的卧式搅拌机，是由 U 型筒体和两根水平搅拌轴组成的，两根轴上装有互为 90°角的搅拌叶片，并以同一速度反向转动，以增加搅拌效果。

集中制浆站的制浆能力应满足灌浆高峰期所有机组用浆需要。

（三）灌浆泵

灌浆泵性能应与浆液类型、浓度相适应，容许工作压力应大于最大灌浆压力的 1.5 倍，并应有足够的排浆量和稳定的工作性能。灌浆泵一般采用多缸柱塞式灌浆泵。往复式泵是依靠活塞部件的往复运动引起工作室的容积变化，从而吸入和排出浆体。往复式泵有单作用式和双作用式两种结构型式。

1. 单作用往复柱塞式泵

单作用往复柱塞式泵主要由活塞、吸水阀、排水阀、吸水管、排水管、曲柄、连杆、滑块（十字头）等组成。单作用往复柱塞式泵的工作原理可以分为吸水和排水两个过程。当曲柄滑块机构运动时，活塞将在两个死点内做不等速往复运动。当活塞向右移动时，泵室内容积逐渐增大，压力逐渐降低，当压力降低至某一程度时，排水阀关闭，吸水管中的水在大气压力作用下顶开吸水阀而进入泵室。这一过程将继续进行到活塞运动至右端极限位置时才停止。这个过程就叫作吸水过程。当活塞向左移动时，泵室内的水受到挤压，压力增高到一定值时，将吸水阀关闭，同时顶开排水阀将水排出。活塞运动到最左端极限位置时，将所吸入的水全部排尽。这个过程就叫作排水过程。活塞往复运动一次完成一个吸水、排水过程称为单作用。

2. 双作用往复式泵

双作用往复式泵的活塞两侧都有吸排水阀。当活塞向左移动时，泵室右部的水受到挤压，压力增高，进行排水过程，而泵室右部容积增大，压力降低，进行吸水过程；当活塞向右移动时，则泵室右部排水，左部吸水。如此活塞往复运动一次完成两个吸水、排水过程称为双作用。

（四）灌浆管路及压力表

1. 灌浆管路

输浆管主要有钢管及胶皮管两种，钢管适应变形能力差，不易清理，因此一般多用胶皮管，但在高压灌浆时仍须用钢管。灌浆管路应保证浆液流动畅通，并能承受 1.5 倍的最大灌浆压力。

2. 灌浆塞

灌浆塞又称灌浆阻塞器或灌浆胶塞（球），用以堵塞灌浆段和上部联系的必不可少的堵塞物，以免翻浆、冒浆以及不能升压而影响灌浆质量。灌浆塞的形式很多，一般应由富有弹性、耐磨性能较好的橡皮制成，应具有良好的膨胀性和耐压性能，在最大灌浆压力下能可靠地封闭灌浆孔段，并且易于安装用在岩石灌浆中的一种灌浆塞。

3. 压力表

灌浆泵和灌浆孔口处均应安设压力表。使用压力宜在压力表最大标示值的 1/4~3/4。压力表应经常进行检定，不合格的和已损坏的压力表严禁使用。压力表与管路之间应设有隔浆装置。

二、灌浆施工

（一）灌浆工艺

1. 钻孔

帷幕灌浆孔宜采用回转式钻机和金刚石钻头或硬质合金钻头钻进；固结灌浆孔可以采用移动方便的风钻或架钻。对于钻孔质量，总的要求是：确保孔深、孔向、孔位符合设计要求，力求孔径上下均匀，孔壁平顺，钻进过程中产生的岩粉细屑较少。

钻孔方向和钻孔深度是保证帷幕灌浆质量的关键。钻孔位置与设计位置的偏差应控制在 10 cm 以内。因故变更孔位时，应征得设计同意。实际孔位应有记录，孔深应符合设计规定，宜选用较小的孔径，钻孔孔壁应平直完整。钻孔必须保证孔向准确，钻机安装必须平正稳固，钻孔宜埋设孔口管，钻机立轴和孔口管的方向必须与设计孔向一致；钻进应采用较长的粗径钻具并适当地控制钻进压力。帷幕灌浆孔应进行孔斜测量，发现偏斜超过要求应及时纠正或采取补救措施。

垂直的或顶角小于5°的帷幕灌浆孔，其孔底的偏差值不得大于表2-1中的规定。

表2-1 钻孔孔底最大允许偏差值（单位：m）

孔深	20	30	40	50	60
最大允许偏差	0.25	0.50	0.8	1.15	1.5

孔深大于60 m时，孔底最大允许偏差值应根据工程实际情况并考虑帷幕的排数具体确定，一般不宜大于孔距。顶角大于5°的斜孔，孔底最大允许偏差值可根据实际情况按表2-1中规定适当放宽，方位角偏差值不宜大于5°。

钻孔偏差不符规定时，应结合该部位灌浆资料和质量检查情况进行全面分析，如确认对帷幕灌浆质量有影响时，应采取补救措施。钻灌浆孔时应对岩层、岩性以及孔内各种情况进行详细记录。钻孔遇有洞穴、塌孔或掉钻难以钻进时，可先进行灌浆处理，尔后继续钻进。如发现集中漏水，应查明漏水部位、漏水量和漏水原因，经处理后，再进行钻进。钻进结束等待灌浆或灌浆结束等待钻进时，孔口均应堵盖，妥加保护。

2. 洗孔和冲洗

（1）洗孔

灌浆孔（段）在灌浆前应进行钻孔冲洗，孔内沉积厚度不得超过20 cm。帷幕灌浆孔（段）在灌浆前宜采用压力水进行裂隙冲洗，直至回水清洁时止。冲洗压力可为灌浆压力的80%，该值若大于1 MPa时，采用1 MPa；洗孔的目的是将残存在孔底岩粉和黏附在孔壁上的岩粉、铁砂碎屑等杂质冲出孔外，以免堵塞裂隙的通道口而影响灌浆质量。钻孔钻到预定的孔深并取出岩心后，将钻具下到孔底，用大流量水进行冲洗，直至回水变清，孔内残存杂质沉淀厚度不超过10~20 cm时，结束洗孔。

（2）裂隙冲洗

裂隙冲洗的目的是用压力水将岩石裂隙或空洞中所充填的松软、风化的泥质充填物冲出孔外，或是将充填物推移到需要灌浆处理的范围外，这样裂隙被冲洗干净后，利于浆液流进裂隙并与裂隙接触面胶结，起到防渗和固结作用。使用压力水冲洗时，在钻孔内一定深度需要放置灌浆塞。冲洗分单孔冲洗和群孔冲洗两种。

①单孔冲洗

单孔冲洗仅能冲净钻孔本身和钻孔周围较小范围内裂隙中的填充物，因此，此法适用于较完整的、裂隙发育程度较轻、充填物情况不严重的岩层。

单孔冲洗有表 2-2 中的几种方法。

表 2-2 单孔冲洗的方法

方法	内容
高压脉动冲洗	首先用高压冲洗，压力为灌浆压力的 80%～100%，连续冲洗 5～10 min 后，将孔口压力迅速降到零，形成反向脉冲流，将裂隙中的碎屑带出，回水呈浑浊色。当回水变清后，升压用高压冲洗，如此一升一降，反复冲洗，直至回水洁净后，延续 10～20 min 为止
高压冲洗	整个过程在大的压力下进行，以便将裂隙中的充填物向远处推移或压实，但要防止岩层抬动变形。如果渗漏最大，升不起压力，就尽量增大流量，加快流速，增强水流冲刷能力，使之能挟带充填物走得远些
扬水冲洗	将水管下到孔底、上接风管，通入压缩空气，使孔内的水和空气混合，由于混合水体的比重轻，将孔内的水向上喷出孔外，孔内的碎屑随之喷出孔外

②群孔冲洗

群孔冲洗是把两个以上的孔组成一组进行冲洗，可以把组内各钻孔之间岩石裂隙中的充填物清除出孔外。群孔冲洗主要是使用压缩空气和压力水。冲洗时，轮换地向某一或几个孔内压入气、压力水或气水混合体，使之由另一个孔或另几个孔出水，直到各孔喷出的水是清水后停止。

③压水试验

帷幕灌浆采用自上而下分段灌浆法时，先导孔应自上而下分段进行压水试验，各次序灌浆孔的各灌浆段在灌浆前宜进行简易压水试验。

压水试验应在裂隙冲洗后进行。简易压水试验可在裂隙冲洗后或结合裂隙冲洗进行。压力可为灌浆压力的 80%，该值若大于 1 MPa 时，采用 1 MPa。压水 20 min，每 5 min 测读一次压入流量，取最后的流量值作为计算流量，其成果以透水率表示。帷幕灌浆采用自下而上分段灌浆法时，先导孔仍应自上而下分段进行压水试验。各次序灌浆孔在灌浆前全孔应进行一次钻孔冲洗和裂隙冲洗。除孔底段外，各灌浆段在灌浆前可不进行裂隙冲洗和简易压水试验。

固结灌浆应采用压力水进行裂隙冲洗，直至回水清洁时止。冲洗压力可为灌浆压力的 80%，该值若大于 1 MPa 时，采用 1 MPa。压水试验应在裂隙冲洗后进行，试验孔数不宜少于总孔数的 5%。

3. 灌浆的施工次序和施工方法

（1）灌浆的施工次序

①灌浆施工次序划分的原则

灌浆施工次序一般是按照先固结、后帷幕的顺序。固结、帷幕灌浆应按逐序加密原则进行。这样浆液逐渐挤密压实，可以促进灌浆帷幕的连续性；能够逐序升高灌浆压力，有利于浆液的扩散和提高浆液结石的密实性；根据各次序孔的单位注入量和单位吸水量的分析，可起到反映灌浆情况和灌浆质量的作用，为增、减灌浆孔提供依据；减少邻孔串浆现象，有利于施工。

②帷幕孔的灌浆次序

大坝的岩石基础帷幕灌浆通常是由一排孔、二排孔、三排孔所构成，多于三排孔的比较少。

单排孔帷幕施工。首先钻灌第Ⅰ序孔，然后依次钻灌第Ⅱ、第Ⅲ序孔。帷幕灌浆各个序孔的孔距岩层完好程度而定，一般多采用第Ⅰ序孔孔距8~12 m，然后再内插加密，第Ⅱ序孔孔距4~6 m，第Ⅲ序孔孔距2~3 m；由两排孔组成的帷幕，先钻灌下游排，后钻灌上游排。每排孔宜分为三序施工；由三排或多排孔组成的帷幕，先钻灌下游排，再钻灌上游排，最后钻灌中间排。边排孔宜分为三序施工，中排孔可分为二序或三序施工。

③固结灌浆

对于孔深5 m左右的浅孔固结灌浆，在地质条件比较好，岩层又比较完整的情况下，可以采用两序孔进行钻灌作业；孔深10 m以上的中深孔固结灌浆，则以采用三序孔施工为宜。根据国内外坝基固结灌浆的资料，固结灌浆最后序孔的孔距和排距多在3~6 m。

（2）灌浆的施工方法

基岩灌浆方式有循环式和纯压式两种。帷幕灌浆应优先采用循环式，射浆管距孔底不得大于50 cm；浅孔固结灌浆可采用纯压式。

灌浆孔的基岩段长小于6 m时，可采用全孔一次灌浆法；大于6 m时，可采用自上而下分段灌浆法、自下而上分段灌浆法、综合灌浆法或孔口封闭灌浆法。

帷幕灌浆段长度宜采用5~6 m，特殊情况下可适当缩减或加长，但不得大于10 m。进行帷幕灌浆时，坝体混凝土和基岩的接触段应先进行单独灌浆并应待凝，接触段在岩石中的长度不得大于2 m。

单孔灌浆有以下几种方法。

①全孔一次灌浆

全孔一次灌浆是把全孔作为一段来进行灌浆。一般在孔深不超过6 m的浅孔、地质条件良好、岩石完整、渗漏较小的情况下，无其他特殊要求，可考虑全孔一次灌浆，孔径也可以尽量减小。

②全孔分段灌浆

根据钻孔各段的钻进和灌浆的相互顺序，有以下几种方法。

自上而下分段灌浆就是自上而下逐段钻进，随段位安设灌浆塞，逐段灌浆的施工方法。这种方法适宜在岩石破碎、孔壁不稳固、孔径不均匀、竖向节理、裂隙发育、渗漏情况严重的情况下采用。施工程序一般是：钻进（一段）→冲洗→简易压水试验→灌浆待凝→钻进（下一段）。

综合分段灌浆法是综合自上而下与自下而上相结合的分段灌浆法。有时由于上部岩层裂隙多，又比较破碎，上部地质条件差的部位先采用自上而下分段灌浆法，其后再采用自下而上分段灌浆法。

小孔径钻孔、孔口封闭、无栓塞、自上而下分段灌浆法就是把灌浆塞设置在孔口，自上而下分进逐段灌浆并不待凝的一种分段灌浆法。孔口应设置一定厚度的混凝土盖重。全部孔段均能自行复灌，工艺简单，免去了起、下塞工序和塞堵不严的麻烦，不需要待凝，节省时间，发生孔内事故可能性较少。

自下而上分段灌浆就是将钻孔一直钻到设计孔深，然后自下而上逐段进行灌浆。这种方法适宜的岩石比较坚硬完整，裂隙不很发育，渗透性不大。在此类岩石中进行灌浆时，采用自下而上灌浆可使工序简化，钻进、灌浆两个工序各自连续施工；无须待凝，节省时间，工效较高。

（3）灌浆压力

①灌浆压力的确定

由于浆液的扩散能力与灌浆压力的大小密切相关，采用较高的灌浆压力，可以减少钻孔数，且有助于提高可灌性，使强度和不透水性等得到改善。当孔隙被某些软弱材料充填时，较高灌浆压力能在充填物中造成劈裂灌注，提高灌浆效果。随着灌浆基础处理技术和机械设备的完善配套，6~10 MPa 的高压灌浆在采用提高灌浆压力措施和浇筑混凝土盖板处理后，在一些大型水利工程中应用较广。但是，当灌浆压力超过地层的压重和强度而没采取相应措施时，将有可能导致地基及其上部结构的破坏。因此，一般情况下，以不使地层结构破坏或发生局部的和少量的破坏，作为确定地基允许灌浆压力的基本原则。灌浆压力宜通过灌浆试验确定，也可通过公式计算或根据经验先行拟定，而后在灌浆施工过程中调整确定。灌浆试验时，一般将压力升到一定数值而注浆量突然增大时的这一压力作为确定灌浆压力的依据（临界压力）。

②灌浆过程中灌浆压力的控制

一次升压法。灌浆开始将压力尽快地升到规定压力，单位吸浆量不限。在规定压力下，每一级浓度浆液的累计吸浆量达到一定限度后，调换浆液配合比，逐级加浓，随着浆液浓度的逐级增加，裂隙逐渐被填充，单位吸浆量将逐渐减少，直至达到结束标准，即灌浆结束。此法适用于透水性不大、裂隙不甚发育的较坚硬、完整岩石的灌浆。

③分级升压法

在灌浆过程中，将压力分为几个阶段，逐级升高到规定的压力值。灌浆如果开始吸浆量大时，使用最低一级的灌浆压力，当单位吸浆量减少到一定限度（下限），压力升高一级，当单位吸浆量又减少到下限时，再升高一级压力，如此进行下去，直到现在规定压力下，灌至单位吸浆量减少到结束标准时，即可结束灌浆。

在灌浆过程中，在某一级压力下，如果单位吸浆量超过一定限度（上限），则应降低一级压力进行灌浆，待单位吸浆量达到下限值时，再提高到原一级压力，继续灌浆。压力分级不宜过多，一般分两级或三级。单位吸浆量的上限、下限，可根据岩石的透水性和灌部位、灌浆次序而定，一般上限定为 $80 \sim 100$ L/min，下限为 $30 \sim 40$ L/min。此法仅是在遇到基础岩石透水严重，吸浆量大的情况下采用。

4. 浆液使用的浆液浓度与配合比

（1）浆液的配合比及分级

①浆液的配合比

浆液的配合比是指组成浆液的水和干料的比例。浆液中水与干料的比值越大，表示浆液越稀，反之则浆液越浓。这种浆液的浓稀程度，称为浆液的浓度。

②浆液浓度的分级

水泥浆。帷幕灌浆浆液水灰比可采用 5：1、3：1、2：1、1：1、0.8：1、0.6：1、0.5：1七个比级。开灌水灰比可采用5：1。灌注细水泥浆液，可采用水灰比为2：1、1：1、0.6：1三个比级，或1：1、0.8：1、0.6：1三个比级。

水泥黏土浆。由于材料品种、性能以及对防渗要求的不同，材料的混合比例也不同，正确的材料配比应通过试验来确定。

（2）浆液浓度的使用

浆液浓度的使用有以下两种方式。

一是由稀浆开始，逐级变浓，直至达到结束标准时，以所变至的那一级浆液浓度结束。

二是由稀浆开始，逐级变浓，当单位吸浆量减少到某规定数值时，再将浆液变稀，直灌至达到结束标准时，用稀浆结束。

先灌稀浆的目的是稀浆的流动性能好，宽窄裂隙和大小空洞均能进浆，优先将细缝、小洞灌好、填实。尔后将浆液变浓，使中等或较大的裂隙、空洞随后也得到良好的充填。

（3）灌浆过程中浆液浓度的变换

①帷幕灌浆

当灌浆压力保持不变，注入率持续减少时，或当注入率不变而压力持续升高时，不得改变水灰比；当某一比级浆液的注入量已达 300 L 以上或灌注时间已达 1 h，而灌浆压力和注入率均无改变或改变不显著时，应改浓一级；当注入率大于 30 L/min 时，可根据具体情况越级变浓。

②固结灌浆

固结灌浆浆液比级和变换，可参照帷幕灌浆的规定根据工程具体情况确定。

5. 灌浆结束与封孔

（1）灌浆结束的条件

帷幕灌浆采用自上而下分段灌浆法时，在规定的压力下，当注入率不大于 0.4 L/min 时，继续灌注 30~60 min；或不大于 1 L/min 时，继续灌注 90 min，灌浆可以结束；采用自下而上分段灌浆法时，继续灌注的时间可相应地减少为 30 min 和 60 min，灌浆可以结束；固结灌浆，在规定的压力下，当注入率不大于 0.4 L/min 时继续灌注 30 min，灌浆可以结束。

（2）回填封孔

帷幕灌浆采用自上而下分段灌浆法时，灌浆孔封孔应采用"分段压力灌浆封孔法"；采用自下而上分段灌浆时，应采用"置换和压力灌浆封孔法"或"压力灌浆封孔法"；固结灌浆孔应采用"机械压浆封孔法"或"压力灌浆封孔法"。

第三节　施工导流与基坑工程施工

一、施工导流的方法及布置

（一）施工导流方法

1. 全段围堰法

全段围堰法导流，就是在修建于河床上的主体工程上下游各建一道拦河围堰，使水流经河床以外的临时或永久建筑物下泄，主体工程建成或即将建成时，再将临时泄水建筑物封堵。该法多用于河床狭窄、基坑工作量不大、水深、流急难以实现分期导流的地方。全段围堰法按其泄水道类型有以下几种。

（1）明渠导流

明渠导流是在河岸或滩地上开挖渠道，在基坑上下游修筑围堰，河水经渠道下泄。它用于岸坡平缓或有宽广滩地的平原河道上。若当地有老河道可利用或工程修建在弯道上时，采用明渠导流比较经济合理。

（2）隧洞导流

山区河流一般河谷狭窄、两岸地形陡峻、山岩坚实，采用隧洞导流较为普遍。但由于隧洞泄水能力有限，造价较高，一般在汛期泄水时均另找出路或采用淹没基坑方案。导流隧洞设计时，应尽量与永久隧洞相结合。这种布置，俗称"龙抬头"。

（3）渡槽导流

渡槽导流方式结构简单，但泄流量较小，一般用于流量小、河床窄、导流期短的中小型工程。

（4）涵管导流

涵管导流一般在修筑土坝、堆石坝中采用，但由于涵管的泄水能力较小，因此，一般用于流量较小的河流上或只用来担负枯水期的导流任务。

2. 分段围堰法

分段围堰法（或分期围堰法），就是用围堰将水工建筑物分段分期围护起来进行施工。所谓分段，就是从空间上用围堰将拟建的水工建筑物围成若干施工段；所谓分期，就是从时间上将导流分为若干时期。导流的分期数和围堰的分段数并不一定相同。必须指出，段数分得愈多，围堰工程量愈大，施工愈复杂；同样，期数分得愈多，工期有可能拖得愈长。因此在实际工程中，二段二期导流采用得最多。只有在比较宽阔的通航河道上施工，不允许断航或其他特殊情况下，才采用多段多期导流方法。

分段围堰法前期由束窄的河道导流，后期可利用事先修好的泄水建筑物导流。常用泄水建筑物的类型有底孔、缺口等。分段围堰法导流，一般适用于河流流量大、河槽宽、施工工期较长的工程中。

（1）底孔导流

采用底孔导流时，应事先在混凝土坝体内修好临时或永久底孔；然后让全部或部分水流流量通过底孔宣泄至下游。如系临时底孔，应在工程接近完工或需要蓄水时封堵。底孔导流的优点是挡水建筑物上部的施工可以不受水流干扰，有利于均衡连续施工，对修建高坝特别有利。但在导流期有被漂浮物堵塞的危险，封堵水头较高，安放闸门较困难。

（2）缺口导流

混凝土坝枢纽在施工过程中，为了保证在汛期河流暴涨暴落时能继续施工，可在兴建的坝体上预留缺口，以便配合其他导流建筑物宣泄洪峰流量。待洪峰过后，上游水位回落再修筑缺口，谓之缺口导流。

（二）导流建筑物

1. 施工导流的布置

（1）导流明渠

①布置原则

弯道少，避开滑坡、崩塌体及高边坡开挖区；便于布置进入基坑的交通道路，进出口与围堰接头满足堰基防冲要求，避免泄洪时对下游沿岸及施工设施冲刷，必要时进行导流水工模型验证。

②明渠断面设计

明渠底宽、底坡和进出口高程应使上、下游水流衔接条件良好，满足导、截流和施工期通航、过木、排冰要求。设在软基上的明渠，宜通过河床水工模型试验，改善水流衔接和出口水流条件，确定冲坑形态和深度，采取有效消能抗冲设施。

导流明渠结构应方便后期封堵，应在分析地质条件、水力学条件并进行技术经济比较后确定衬砌方式。

（2）隧洞导流

①隧洞导流的布置

导流隧洞选线应根据地形、地质条件，保证隧洞施工和运行安全。相邻隧洞间净距、隧洞与永久建筑物之间间距、洞脸和洞顶岩层厚度均应满足围岩应力和变形要求。尽可能利用永久隧洞，其结合部分的洞轴线、断面型式与衬砌结构等均应满足永久运行与施工导流要求。

隧洞型式、进出口高程尽可能兼顾导流、截流、放木、排冰要求，进口水流顺畅、水面衔接良好、不产生气蚀破坏，洞身断面方便施工；洞底纵坡随施工及泄流水力条件等选择。导流隧洞在运用过程中，常遇明满流交替流态，当有压流为高速水流时，应注意水流掺气，防止因此产生空蚀、冲击波，导致洞身破坏。隧洞衬砌范围及型式通过技术经济比较后确定，应研究解决封堵措施及结构型式的选择。

②导流隧洞的水力计算

水力计算的目的主要是确定上游水位和隧洞尺寸。

（3）导流底孔

导流底孔设置数量、高程及其尺寸宜兼顾导流、截流、过木、排冰要求。进口型式选择适当的椭圆曲线，通过水工模型试验确定。进口闸门槽宜设在坝外，并能防止槽顶部进水，以免气蚀破坏或孔内流态不稳定影响泄流量；利用永久泄洪、排沙和水库放空底孔兼做导流底孔时，应同时满足永久和临时运用要求。坝内临时底孔使用后，须以坝体相同的混凝土回填封堵，并采取措施保证新老混凝土结合良好。

（4）围堰的平面布置

围堰的平面布置主要包括堰内基坑范围确定和围堰轮廓布置两个问题。

围堰内基坑范围大小主要取决于主体工程的轮廓和相应的施工方法。当采用一次拦断法导流时，围堰基坑是由上、下游围堰和河床两岸围成的。当采用分期导流时，围堰基坑是由纵向围堰与上下游横向围堰围成。在上述两种情况下，上下游横向围堰的布置，都取决于主体工程的轮廓。通常基坑坡趾距离主体工程轮廓的距离，不应小于 20~30 m，以便布置排水设施、交通运输道路、堆放材料和模板等。至于基坑开挖边坡的大小，则与地质条件有关。

当纵向围堰不作为永久建筑物的一部分时，基坑坡趾距离主体工程轮廓的距离，一般不小于 2.0 m，以便布置排水导流系统和堆放模板，如果无此要求，只须留 0.4~0.6 m。

实际工程的基坑形状和大小往往是很不相同的。有时可以利用地形以减少围堰的高度和长度；有时为照顾个别建筑物施工的需要，将围堰轴线布置成折线形；有时为了避开岸边较大的溪沟，也采用折线布置。为了保证基坑开挖和主体建筑物的正常施工，基坑范围应当留有一定富余。

在分期导流方式中，纵向围堰布置与施工是其关键问题，选择纵向围堰位置，实际上就是要确定适宜的河床束窄度。束窄度就是天然河流过水面积被围堰束窄的程度，一般可用式（2-2）表示：

$$K=A_1/A_2 \times 100\%$$

(2-2)

式中：K——河床的束窄程度（一般取值在 47%~68%），%；

A_1——原河床的过水面积，m^2；

A_2——围堰和基坑所占据的过水面积，m^2。

适宜的纵向围堰位置，与以下主要因素有关。

地形地质条件：河心洲、浅滩、小岛、基岩露头等，都是可供布置纵向围堰的有利条件，这些部位便于施工，并有利于防冲保护。例如，三门峡工程曾巧妙地利用了河心的几个礁岛布置纵、横围堰。葛洲坝工程施工初期，也曾利用江心洲葛洲坝作为天然的纵向围堰。三峡工程利用江心洲三斗坪作为纵向围堰的一部分。

结合水工建筑物布置：尽可能利用厂坝、厂闸、闸坝等建筑物之间的隔水导墙作为纵向围堰的一部分。例如，葛洲坝工程就是利用厂闸导墙，三峡、三门峡、丹江口则利用厂坝导墙作为二期纵向围堰的一部分。

河床允许束窄度：允许束窄度主要与河床地质条件和通航要求有关。对于非通航河道，如河床易冲刷，一般均允许河床产生一定程度的变形，只要能保证河岸、围堰堰体和基础免受淘刷即可。束窄流速常可允许达到 3 m/s 左右，岩石河床允许束窄度主要视岩石的抗冲流速而定。

对于一般性河流和小型船舶，当缺乏具体研究资料时，可参考以下数据；当流速小于 2.0 m/s 时，机动木船可以自航，当流速小于 3.0~3.5 m/s，且局部水面集中落差不大于 0.5 m 时，拖轮可自航，木材流放最大流速可考虑为 3.5~4.0 m/s。

导流过水要求：进行一期导流布置时，不但要考虑束窄河道的过水条件，而且还要考虑二期截流与导流的要求。主要应考虑的问题是，一期基坑中能否布置宣泄二期导流流量的泄水建筑物；由一期转入二期施工时的截流落差是否太大。

施工布局的合理性：各期基坑中的施工强度应尽量均衡。一期工程施工强度可比二期低些，但不宜相差太悬殊。如有可能，分期分段数应尽量少一些。导流布置应满足总工期的要求。

以上几个方面，仅仅是选择纵向围堰位置时应考虑的主要问题。如果天然河槽呈对称形状，没有明显有利的地形地质条件可供利用时，可以通过经济比较方法选定纵向围堰的适宜位置，使一、二期总的导流费用最小。

分期导流时，上、下游围堰一般不与河床中心线垂直，围堰的平面布置常呈梯形，既可使水流顺畅，同时也便于运输道路的布置和衔接。当采用一次拦断法导流时，上、下游围堰不存在突出的绕流问题，为了减少工程量，围堰多与主河道垂直。

纵向围堰的平面布置形状，对于过水能力有较大影响。但是，围堰的防冲安全，通常比前者更重要。实践中常采用流线型和挑流式布置。

分期导流围堰束窄河床后，使天然水流发生改变，在围堰上游产生水位壅高，其值可采用如下近似公式试算。即先假设上游水位 H_0 算出 Z 值，以 $Z+t_c$p 与所设 H_0 比较，逐步修改 H_0 值，直至接近 $Z+t_{cp}$ 值，一般 2~3 次即可。

$$Z = 1/\varphi^2 \cdot (v^2/2g - v_0^2/2g)$$

$$v_c = Q/W_c$$

$$W_c = b_c t_{cp}$$

$$(2-3)$$

式中：Z——水位壅高，m；

v_0——行近流速，m/s；

g——重力加速度，取 9.80 m/s；

φ——流速系数（与围堰布置形式有关）；

v_c——束窄河床平均流速，m/s；

Q——计算流量，m^3/s；

W_c——收缩断面有效过水断面，m^2；

b_c——束窄河段过水宽度，m；

t_{cp}——河道下游平均水深，m。

2. 围堰工程

围堰是一种临时性水工建筑物，用来围护河床中基坑，保证水工建筑物施工在干地上进行。在导流任务完成后，对不能作为永久建筑物的部分或妨碍永久建筑物运行的部分应予以拆除。

通常按使用材料将围堰分为土石围堰、草土围堰、钢板桩格型围堰、木笼围堰、混凝土围堰等；按所处的位置将围堰分为横向围堰、纵向围堰；按围堰是否过水分为不过水围堰、过水围堰。

围堰的基本要求如下：安全可靠，能满足稳定、抗渗、抗冲要求；结构简单，施工方便，宜于拆除并能充分利用当地材料及开挖弃料；堰基易于处理，堰体便于与岸坡或已有建筑物连接；在预定施工期内修筑到需要的断面和高程；具有良好的技术经济指标。

（1）土石围堰

土石围堰能充分利用当地材料，地基适应性强，造价低，施工简便，设计应优先选用。

①不过水土石围堰

土石围堰的型式，由于不允许过水，且抗冲能力较差，一般不宜做纵向围堰，如河谷较宽且采取了防冲措施，也可将土石围堰用作纵向围堰。土石围堰的水下部位一般采用混凝土防渗墙防渗，水上部位一般采用黏土心墙、黏土斜墙、土工合成材料等防渗。

②过水土石围堰

当采用淹没基坑方案时，为了降低造价、便于拆除，许多工程采用了过水土石围堰型式。为了克服过水时水流对堰体表面冲刷和由于渗透压力引起的下游边坡连同堰顶一起的深层滑动，目前采用较普遍是在下游护面上压盖混凝土面板。

（2）混凝土围堰

混凝土围堰的抗冲及抗渗能力强，适应高水头，底宽小，易于与永久建筑物相结合，必要时可以过水，因此采用得比较广泛。按施工工艺不同有常态混凝土和碾压混凝土围堰，按结构型式有以下三种。

①拱形混凝土围堰

一般适用在两岸陡峻、岩石坚实的山区河流上。对围堰的处理是，当河床的覆盖层较薄时，常进行水下清基，若覆盖层较厚，则可灌注水泥浆防渗加固。

②重力式混凝土围堰

采用分段围堰法导流时，重力式混凝土围堰可兼做第一期和第二期纵向围堰，两侧均能挡水，还能作为建筑物的一部分，如隔墙、导墙等。断面型式有实体式和空心式。

③钢板桩围堰

钢板桩格型围堰是重力式挡水建筑物，由一系列彼此相接的格体构成，按照格体的平面形状，可分为筒形格体、扇形格体和花瓣形格体。这些型式适用于不同的挡水高度，应用较多的是圆筒形格体。它是由许多钢板桩通过锁口互相连接而成为格形整体。钢板桩的锁口有握裹式、互握式和倒钩式三种。格体内填充透水性强的填料，如砂、砂卵石或石碴等。在向格体内进行填料时，必须保持各格体内的填料表面大致均衡上升，因高差太大会使格体变形。

钢板桩格型围堰具有坚固、抗冲、抗渗、围堰断面小，便于机械化施工的特点；钢板桩的回收率高，可达70%以上；尤其适用于束窄度大的河床段作为纵向围堰，但由于需要大量的钢材，且施工技术要求高，我国目前仅应用于大型工程中。

圆筒形格体钢板桩围堰，一般适用的挡水高度小于15~18m，可以建在岩基上或非岩基上，也可作为过水围堰用。

圆筒形格体钢板桩围堰的修建由定位、打设模架支柱、模架就位、安插钢板桩、打设钢板桩、填充料渣、取出模架及其支柱和填充料渣到设计高程等工序组成。圆筒形格体钢板桩围堰一般须在流水中修筑，受水位变化和水面波动的影响较大，施工难度较大。

3. 围堰的拆除

纵向围堰的堰顶高程，应与堰侧水面曲线相适应。通常纵向围堰顶面往往做成阶梯形或倾斜状，其上、下游高程分别与相应的横向围堰同高。围堰是临时建筑物，导流任务完成以后，应按设计要求进行拆除，以免影响永久建筑物的施工及运行。土石围堰一般可用挖土机或爆破等方法拆除，用挖土机拆除时应从围堰的背水坡开始分层拆除。混凝土围堰的拆除，一般只能用爆破法炸除。

（三）导流方案的选择

导流方案的选择受各种因素的影响。合理的导流方案，必须在周密地研究各种影响因素的基础上，拟订几个可能的方案，进行技术经济比较，从中选择技术经济指标优越的方案。选择导流方案时考虑的主要因素如下。

地形条件：坝区附近的地形条件，对导流方案的选择影响很大。对于河床宽阔的河流，尤其在施工期间有通航、过木要求的情况，宜采用分段围堰法导流，当河床中有天然石岛或沙洲时。采用分段围堰法导流，更有利于导流围堰的布置，特别是纵向围堰的布置。例如，三峡水利枢纽的施工导流就曾利用长江中的中堡岛来布置一期纵向围堰，取得了良好的技术经济效果。在河段狭窄两岸陡峻、山岩坚实的地区，宜采用隧洞导流，至于平原河道，河流的两岸或一岸比较平坦，或有河湾、老河道可资利用时，则宜采用明渠导流。

地质及水文地质条件：河流两岸及河床的地质条件对导流方案的选择与导流建筑物的布置有直接影响。若河流两岸或一岸岩石坚硬、风化层薄，且有足够的抗压强度时，则有利于选用隧洞导流。如果岩石的风化层厚且破碎，或有较厚的沉积滩地，则适合于采用明渠导流。由于河床的束窄，减小了过水断面的面积，使水流流速增大，这时为了河床不受过大的冲刷，避免把围堰基础淘空，应根据河床地质条件来决定河床可能束窄的程度。对于岩石河床，抗冲刷能力较强。河床允许束窄程度较大，甚至可达到88%，流速会增加到7.5 m/s，但对覆盖层较厚的河床，抗冲刷能力较差，其束窄程度都不到30%，流速仅允许达到3.0 m/s，此外，选择围堰型式，基坑能否允许淹没，能否利用当地材料修筑围堰等，也都与地质条件有关。水文地质条件则对基坑排水工作和围堰型式的选择有很大关系。因此，为了更好地进行导流方案的选择，要对地质和水文地质勘测工作提出专门要求。

水文条件：河流的流量大小、水位变化的幅度、全年流量的变化情况、枯水期的长短、汛期洪水的延续时间、冬季的流冰及冰冻情况等，均直接影响导流方案的选择。一般来说，对于河床单宽流量大的河流，宜采用分段围堰法导流。对于水位变化幅度大的山区河流，可采用允许基坑淹没的导流方法，在一定时期内通过过水围堰和淹没基坑来宣泄洪峰流量。对于枯水期较长的河流，充分利用枯水期安排工程施工是完全有必要的。但对于枯水期不长的河流，如果不利用洪水期进行施工，就会拖延工期。对于流冰的河流，应充分注意流冰的宣泄问题，以免流冰壅塞，影响泄流，造成导流建筑物失事。

水工建筑物的型式及其布置：水工建筑物的型式和布置与导流方案相互影响，因此，在决定建筑物的型式和枢纽布置时，应该同时考虑并拟订导流方案，而在选定导流方案时，又应该充分利用建筑物型式和枢纽布置方面的特点。如果枢纽组成中有隧洞、渠道、涵管、泄水孔等永久泄水建筑物，在选择导流方案时应该尽可能加以利用。在设计永久泄水建筑物的断面尺寸并拟订其布置方案时，应该充分考虑施工导流的要求。采用分段围堰法修建混凝土坝枢纽时，应当充分利用水电站与混凝土坝之间或混凝土坝溢流段和非溢流段之间的隔墙作为纵向围堰的一部分，以降低导流建筑物的造价。在这种情况下，对于第二期工程所修建的混凝土坝，应该核算它是否能够布置二期工程导流建筑物（底孔、预留缺口）。例如，三门峡水利枢纽溢流坝段的宽度主要就是由二期导流条件控制的，与此同时，为了防止河床冲刷过大，还应核算河床的束窄程度，保证有足够的过水断面来宣泄施工流量。就挡水建筑物的型式来说，土坝、土石混合坝和堆石坝的抗冲能力小，除采用特殊措施外，一般不允许从坝身过水，所以多利用坝身以外的泄水建筑物如隧洞、明渠等或坝身范围内的涵管来导流，这时，通常要求在一个枯水期内将坝身抢筑到拦洪高程以上，以免水流漫顶，发生事故。至于混凝土坝，特别是混凝土重力坝，由于抗冲能力较强，允许流速达到25 m/s，故不但可以通过底孔泄流，而且还可以通过未完建的坝身过水，使导流方案选择的灵活性大大增加。

施工期间河流的综合利用：施工期间，为了满足通航、筏运、渔业、供水、灌溉或水电站运转等的要求，导流问题的解决更加复杂。如前所述，在通航河流上，大多采用分段围堰法导流。要求河流在束窄以后，河宽仍能便于船只的通行，水深要与船只吃水深度相适应，束窄断面的最大流速一般不得超过 2.0 m/s，特殊情况须与当地航运部门协商研究确定；对于浮运木筏或散材的河流，在施工导流期间，要避免木材壅塞泄水建筑物或者堵塞束窄河床。在施工中后期水库拦洪蓄水时，要注意满足下游供水、灌溉用水和水电站运行的要求，有时为了保证渔业的要求，还要修建临时的过鱼设施，以便鱼群能洄游。

施工进度、施工方法及施工场地布置：水利工程的施工进度与导流方案密切相关。通常是根据导流方案才能安排控制性进度计划，在水利枢纽施工导流过程中，对施工进度起控制作用的关键性时段主要有：导流建筑物的完工期限、截断河床水流的时间、坝体拦洪的期限、封堵临时泄水建筑物的时间以及水库蓄水发电的时间等。但各项工程的施工方法和施工进度又直接影响到各时段中导流任务的合理性和可能性。例如，在混凝土坝枢纽中，采用分段围堰施工时，若导流底孔没有建成，就不能截断河床水流和全面修建第二期围堰，若坝体没有达到一定高程和没有完成基础及坝体接缝灌浆以前，就不能封堵底孔和使水库蓄水等。因此，施工方法、施工进度与导流方案三者是密切相关的。

此外，导流方案的选择与施工场地的布置亦相互影响，例如，在混凝土坝施工中，当混凝土生产系统布置在一岸时，以采用全段围堰法导流为宜。若采用分段围堰法导流，则应以混凝土生产系统所在的一岸作为第一期工程，因为这样两岸的交通运输问题比较容易解决。

在选择导流方案时，除了综合考虑以上各方面因素以外，还应使主体工程尽可能及早发挥效益，简化导流程序，降低导流费用，使导流建筑物既简单易行，又适用可靠。

二、基坑施工

（一）基坑排水

基坑排水工作按排水时间及性质，一般可分为：第一，基坑开挖前的排水，包括基坑积水、基坑积水排除过程中围堰及基坑的渗水和降水的排除；第二，基坑开挖及建筑物施工过程中的经常性排水，包括围堰和基坑的渗水、降水、地基岩石冲洗及混凝土养护用废水的排除等。

1. 初期排水

基坑积水主要是指围堰闭气后存于基坑内的水体，还要考虑排除积水过程中从围堰及地基渗入基坑的水量和降雨。初期排水的流量是选择水泵数量的主要依据，应根据地质情况、工期长短、施工条件等因素确定。初期排水流量可按式（2-4）估算：

$$Q = kV/T \quad (m^3/h)$$

$$\tag{2-4}$$

式中　Q——初期排水流量，m^3/s；

　　　V——坑积水的体积，m^3；

　　　k——积水系数，考虑了围堰、基坑渗水和可能降雨的因素，对于中小型工程，取 $k = 2 \sim 3$；

　　　T——初期排水时间，s。

初期排水时间与积水深度和允许的水位下降速度有关。如果水位下降太快，围堰边坡土体的动水压力过大，容易引起坍坡；如水位下降太慢，则影响基坑开挖工期。基坑水位下降的速度一般控制在 $0.5 \sim 1.5$ m/d 为宜。在实际工程中，应综合考虑围堰型式、地基特性及基坑内水深等因素而定。对于土围堰，水位下降速度应小于 0.5 m/d。

根据初期排水流量即可确定水泵工作台数，并考虑一定的备用量。水利工地常用离心泵或潜水泵。为了运用方便，可选择容量不同的水泵，组合使用。水泵站一般布置成固定式或移动式两种，当基坑水深较大时，采用移动式。

2. 经常性排水

当基坑积水排除后，立即转入经常性排水。对于经常性排水，主要是计算基坑渗流量，确定水泵工作台数，布置排水系统。

（1）排水系统布置

经常性排水通常采用明式排水，排水系统包括排水干沟、支沟和集水井等。一般情况下，排水系统分为两种情况：一种是基坑开挖中的排水，另一种是建筑物施工过程中的排水。前者是根据土方分层开挖的要求，分次下降水位，通过不断降低排水沟高程，使每一个开挖土层呈干燥状态。排水系统排水沟通常布置在基坑中部，以利两侧出土；当基坑较窄时，将排水干沟布置在基坑上游侧，利于截断渗水。沿干沟垂直方向设置若干排水支沟。基础范围外布置集水井，井内安设水泵，渗水进入支沟后汇入干沟，再流入集水井，由水泵抽出坑外。后者排水目的是控制水位低于坑底高程，保证施工在干地条件下进行。排水沟通常布置在基坑四周，离开基础轮廓线不小于 $0.3 \sim 1.0$ m。集水井离基坑外缘之距离必须大于集水井深度。排水沟的底坡一般不小于 0.002，底宽不小于 0.3 m，沟深分为干沟和支沟，干沟为 $1.0 \sim 1.5$ m，支沟为 $0.3 \sim 0.5$ m。集水井的容积应保证当水泵停止运转 $10 \sim 15$ min 井内的水量不致漫溢。井底应低于排水干沟底 $1 \sim 2$ m。

（2）经常性排水流量

经常性排水主要排除基坑和围堰的渗水，还应考虑排水期间的降雨、地基冲洗和混凝土养护弃水等。这里仅介绍渗流量估算方法。

围堰渗流量。透水地基上均质土围堰，每一米堰长渗流量的计算可按水工建筑物均质土坝渗流计算方法。

基坑渗流量。由于基坑情况复杂，计算结果不一定符合实际情况，应用试抽法确定。

降雨量按在抽水时段最大日降水量在当天抽干计算；施工弃水包括基岩冲洗与混凝土养护用水，两者不同时发生，按实际情况计算。

排水水泵根据流量及扬程选择，并考虑一定的备用量。

3. 人工降低地下水位

在经常性排水中，采用明排法，由于多次降低排水沟和集水井高程，变换水泵站位置，不仅影响开挖工作正常进行，还会在细砂、粉砂及砂壤土地基开挖中，因渗透压力过大而引起流砂、滑坡和地基隆起等事故，对开挖工作产生不利影响。采用人工降低地下水位措施可以克服上述缺点。人工降低地下水位，就是在基坑周围钻井，地下水渗入井中，随即被抽走，使地下水位降至基坑底部以下，整个开挖部分土壤呈干燥状态，开挖条件大为改善。人工降低地下水位方法，按排水原理分为管井法和井点法两种。

（1）管井法

管井法就是在基坑周围或上下游两侧按一定间距布置若干单独工作的井管，地下水在重力作用下流入井内，各井管布置一台抽水设备，使水面降至坑底以下。

管井法适用于基坑面积较小，土的渗透系数较大（$K = 10 \sim 250$ m/d）的土层。当要求水位下降不超过 7 m 时，采用普通离心泵；在要求大幅度降低地下水位的深井中抽水时，最好采用专用的离心式深井水泵。管井由井管、滤水管、沉淀管及周围反滤层组成。地下水从滤水管进入井管，水中泥砂沉淀在沉淀管中。滤水管采用带孔的钢管，外包滤网；井管可采用钢管或无砂混凝土管，后者采用分节预制，套接而成。每节长 1 m，壁厚为 $4 \sim 6$ cm，直径一般为 $30 \sim 40$ cm。管井间距应满足在群井共同抽水时，地下水位最高点低于坑底，一般取 $15 \sim 25$ m。

（2）井点法

当土壤的渗透系数 $K < 1$ m/d 时，用管井法排水，井内水会很快被抽干，水泵经常中断运行，既不经济，抽水效果又差，这种情况下，采用井点法较为合适。井点法适宜于渗透系数为 $0.1 \sim 50$ m/d 的土壤。井点的类型有轻型井点、喷射井点和电渗井点三种，比较常用的是轻型井点。

轻型井点是由井管、集水管、普通离心泵、真空泵和集水箱等设备组成的排水系统；轻型井点的井管直径为 38~50 mm，采用无缝钢管，管的间距为 0.8~1.6 m，最大可达 3.0 m。地下水从井管底部的滤水管内借真空泵和水泵的抽吸作用流入管内，沿井管上升汇入集水管，再流入集水箱，由水泵抽出。

轻型井点系统开始工作时，先开动真空泵排出系统内的空气，待集水箱内水面上升到一定高度时，再启动水泵抽水。如果系统内真空不够，仍须真空泵配合工作。点排水时，地下水位下降的深度取决于集水箱内的真空值和水头损失。一般集水箱的真空值为 400~500 mmHg。

当地下水位要求降低值大于 4~5 m 时，则须分层降落，每层井点控制 3~4 m。但分层数应小于三层为宜。因层数太多，坑内管路纵横交错，妨碍交通，影响施工；且当上层井点发生故障时，由于下层水泵能力有限，造成地下水位回升，严重时导致基坑淹没。

（二）基坑开挖

1. 岩基开挖

岩基开挖就是按照设计要求，将风化、破碎和有缺陷的岩层挖除，使水工建筑物建在完整坚实的岩石上。基坑开挖与一般土石方开挖比较，虽无本质区别，但由于基坑开挖特别是岩基开挖的施工条件、施工质量等方面的特殊要求，必须从施工技术、组织措施上解决好以下问题。

（1）做好基坑排水工作

在围堰闭气后，立即排除基坑积水及围堰渗水，布置好排水系统，配备足够的排水设备，边下挖基坑边排水，降低和控制水位，确保开挖工作不受水的干扰。

（2）合理安排开挖程序，保证施工安全

由于受地形、时间和空间的限制，水工建筑物基坑开挖一般比较集中，工种多，安全问题比较突出。因此，基坑开挖的程序，应本着"自上而下，先岸坡，后河槽"的原则。如果河床很宽，也可考虑部分河床和岸坡平行作业，但应采取有效的安全措施。无论是河床还是岸坡，都要由上而下，分层开挖，逐步下降。

（3）规划运输线路，组织好出碴运输工作

出碴运输线路的布置要与开挖分层相协调。开挖分层的高度，与地形、地质、施工设备、施工强度、爆破方式等因素有关，一般范围在 5~30 m。故运输道路也应分层布置，将各层的开挖工作面和通向堆碴场的运输干线联结起来。基坑的废碴最好加以利用，直接运至使用地点或指定的地点暂时堆放。出碴运输道路的规划，应该在施工总体布置中，尽可能结合场内交通的要求一并考虑，以利于开挖和后续工序的施工，节省临时道路的投资。

出碴运输工作的组织，对于开挖进度和费用影响较大，宜按统筹规划的原理，将开挖、运输和堆存作为一个系统，依照运输距离或运输费用最小的原则进行组织。

（4）正确地选择开挖方法，保证开挖质量

岩基开挖的主要方法是钻孔爆破法。坝基岩石开挖，应采用分层梯段爆破；边坡轮廓边开挖，应采用预裂爆破；紧邻水平基建面，应采用预留岩体保护层，并对保护层进行分层爆破。开挖偏差的要求为：对节理裂隙不发育、较发育、发育和坚硬、中硬的岩体，水平建基面高程的开挖偏差，不应大于 20 cm，设计边坡轮廓面的开挖偏差，在一次钻孔深度条件下开挖时，不应大于其开挖高度的 2%，在分台阶开挖时其最下部一个台阶坡脚位置的偏差，以及整体边坡的平均坡度，均应符合设计要求。

坝基岩石开挖，一般采用延长药包梯段爆破，毫秒分段起爆，最大一段起爆药量，不得大于 500 kg。对不具备梯段地形的岩基，应先进行平地拉槽毫秒起爆，创造梯段爆破条件。紧邻水平建基平面的爆破，应防止爆破对基岩的不利影响，一般采取预留保护层的方法。保护层的开挖是控制基岩质量的关键，其要点是：分层开挖，梯段爆破，控制一次起爆药量，控制爆破震动影响。对于基建面 1.5 m 以上的一层岩石，应采用梯段爆破，炮孔装药直径不应大于 40 mm，手风钻钻孔，一次起爆药量控制在 300 kg 以内；保护层上层开挖，采用梯段爆破，控制药量和装药直径；中层开挖控制装药直径；中层开挖控制直径小于 32 mm 采用单孔起爆，距建基面 0.2 m 厚度的岩石，应进行撬挖。边坡预裂爆破或光面爆破的效果，应符合以下要求：在开挖轮廓面上，残留炮孔痕迹均匀分布，对于节理裂隙不发育的岩体，炮孔痕迹保存率，应达到 80% 以上，对节理裂隙较发育和发育的岩体，应达到 80%~50%，对节理裂隙极发育的岩体，应达到 50%~10%；相邻炮孔间爆破面的不平整度，不应大于 15 cm；预裂炮孔和梯段炮孔在同一个爆破网络中时，预裂孔先于梯段孔起爆的时间不得小于 75~100 ms。

（5）合理组织弃碴的堆放，充分利用开挖的土石方

大中型工程土石方的开挖量往往很大，需要大片堆碴场地。如果能够充分利用开挖的弃碴，不仅可以减少弃碴占地，而且可以节约建设资金。

不少工程利用基坑开挖的弃碴来修筑土石副坝或围堰，将合格的碎石料加工成混凝土骨料等。为此，必须对整个工程进行土石方平衡。所谓土石方平衡，就是对整个工程的土石方开挖量和土石方堆筑量进行全面规划，做到开挖和利用相结合，就近利用有效开挖方量。通过平衡合理确定弃碴的数量，规划弃碴的堆场和使用顺序。

在规划弃碴堆场时，要考虑施工和运输方面的要求，避免二次倒运，不能影响围堰防渗闭气，抬高尾水位和堰前水位，阻滞河道水流，不能影响水电站、泄水建筑物和导流建筑物的正常运行，不能影响度汛安全等。弃碴场宜不占或少占耕地，有条件时应结合堆（弃）碴造地。不得占用其他施工场地和妨碍其他工程施工，出碴运输和堆（弃）碴不得污染环境。

2. 软基开挖

软基开挖的施工方法和一般土方开挖方法相同，由于地基的施工条件比较特殊，常会遇到一些特殊地质条件，应采取相应的措施，确保开挖工作顺利进行。

（1）淤泥

淤泥的特点是颗粒细、水分多、上面无法行人。应根据下面情况分别采取措施。

①稀淤

稀淤的特点是含水量很大，流动性也大，挖不成锹，装筐易漏。当稀淤不深时，可将干砂倒入稀淤中，逐渐进占挤淤筑成土埂，填好后即可在坡上进行挖运。如稀淤面积大，可同时添筑土坡多条以便防止稀淤乱流；当稀淤深时，可将稀游用土埂围起，不使外流，并在附近无淤地点开挖深塘，借土还淤。即在与稀淤交界处留埋拦淤，挖妥后拆除留填，将稀淤放入开挖地段。当稀淤流动不畅时，可用柴捆成梢枕，用人力压枕挤淤排入深塘。

②烂淤

烂淤的特点是淤层较厚，含水量较小，黏性大，锹插入后，不易拔起，拔起后烂淤又粘锹不易脱离。为避免粘锹，每锹必须蘸水，或用三股叉或五股叉代替铁锹；为了解决立足地，可采用一点突破法或苇排铺路法。用前法挖淤时自坑边沿起，集中力量突破一点，挖到淤下硬土，再向四周扩展。后法采用芦苇扎成枕，每三枕用桩连成苇排，铺在烂淤上，人在苇排上挖运。

③夹砂淤

夹砂淤的特点是层砂层淤，如每层厚度较大，可采用前述方法开挖。如厚不盈尺，挖前必须先将砂面晾干，至能站人时，方可开挖，挖时应连同下层夹砂一齐挖净，勿使上下层砂淤混淆，造成施工困难；如有条件采用机械清淤，如采用挖掘机挖除软质及砂质淤泥，清淤机进行渠道清淤、泥浆泵挖除稀淤泥等。

（2）流砂

当采用明式排水法开挖基坑时，由于原地下水位与基坑内水位相差悬殊，因此，形成的动水压力也大。可能使渗流挟带泥砂从基坑底部向上喷冒，在边坡上形成管涌、流土现象，即流砂现象。流砂现象一般发生在非黏性土中，且与颗粒大小、动水压力的作用有关，不仅细砂、中砂可能发生，有时粗砂也可能发生。这主要取决于砂土的含水量、孔隙率、黏粒含量和动水压力的水力坡度。开挖流砂层，首先是"排水"，即把流砂层中的水排出；其次是"封闭"，即把开挖区的流砂与整个流砂层隔离开。开挖时可在流砂中先行沉入竹筐、柳条筐等，使水与砂分开流入筐内，然后集中力量排出筐内的水，使筐外积砂易于挖除。当流砂层厚度在 4~5 m 以下，土质条件又允许时，可放坡 1∶4~1∶8 进行开挖。有时需要采取稳定边坡的措施。

当基坑坡面较长，基坑需要开挖较深时，可采用柴枕拦砂法。这种方法，一方面，可截住因降水而造成的坡面流砂；另一方面，可防止因坡内动水压力造成的坡脚塌陷。堆填柴枕时要紧密，以免泥砂从柴枕间流出。对于面积不大和不深的基坑，常用的护面做法如下。

①砂石护面

在坡面上先铺一层粗砂，再铺一层小石子，每层厚 5~8 cm，在坡脚处设排水沟。沟底及两侧铺设同样的反滤层。以保护坡面不受地面径流冲刷和防止坡内流携带泥砂。

②柴枕护面

在坡面上铺设爬坡式柴枕，为了防止柴枕下坍，可沿坡脚向上，每隔适当距离打入钎枕桩。在坡脚处同样设排水沟，沟底及两侧设柴枕，以保证拦滤泥砂；如有条件，可用木板桩或钢板桩将流砂层封堵隔离，在板桩保护下进行开挖。

③泉眼

泉眼的产生，一般是由于基坑排水不畅，地下水未能很快地降低。以致地下水穿过薄弱土层，向外流出；或者是由于底下渗出的承压水头所造成。泉眼的位置往往就是地质钻探的钻孔。当地质钻探完毕后，钻孔常用黄砂填实。从钻孔冒出的水流大多是清水，危害不大，只要将冒出的水流引向集水井，排出基坑以外即可。处理泉眼，可先在泉眼上抛粗砂一层，其上再铺小石子一层，泉眼中带泥砂的混水，经过砂石滤层后，即变为清水流出，再将其引至附近的排水沟中。如果泉眼位于建筑物底部，则应在泉眼上浇筑混凝土，这就需要先在泉眼上铺设砂石滤层，并用竹管或铁管将泉水引出混凝土以外，管子浇入混凝土中，最后拌制较干的水泥砂浆，将管孔堵塞。若向泉眼内抛填小石子，或针对泉眼打入木桩，或用棉塞泉眼，或用铁锅反盖在泉眼上等，结果不是泉眼越堵越大，就是这边泉眼堵塞而另一边又产生泉眼，不能获得良好的效果。

（3）粉细砂

粉细砂处于湿润状态时的内摩擦角达 38°，且有微黏性，可以开挖成很陡的边坡。但当坡面有渗水或外力扰动，可能产生流滑，开挖坡面急剧变缓。因此，粉细砂的合理开挖方法与粉细砂含水量大小、渗流、补水情况及压重、开挖机械都有密切关系。

①无压重，无渗流粉细砂层

处于湿润状态的粉细砂具有假黏聚力，可直接利用装载机或反铲开挖，形成陡坡，但坡面会因失水干燥或雨水冲刷而滑塌，形成顶部1m范围内为陡坎，以下为松散堆积的坡面（坡角接近自然休止角）；粉细砂水下部分一般采用蓄水法，利用抓斗、反铲直接开挖。

②有压重，无渗流情况

干地直接开挖面应距路堤或压重的坡脚一定距离，以防止开挖粉细砂危及路堤安全。形成的粉细砂开挖面只宜短期暴露，应尽快施工护坡或挡土结构。

土坝及围堰采用垂直截渗措施截断坝体及地基渗流后的基坑粉细砂开挖，宜先形成抽水基坑。再在坑内抽水，控制抽水速度不大于 0.6 m/d，使粉细砂中的潜水逐渐排出。在干地环境中进行压坡石碴堤施工，即可大规模地干地开挖基坑内的粉细砂。

③有渗流情况

粉细砂坡面有渗水逸出时，应采取措施防止开挖过程中出现流砂。

无支护开挖：若先抛石压坡，再挖粉细砂，抛石体会加大滑动力，不利开挖坡稳定。合理开挖程序是，粉细砂未露出前，先沿开挖线抽槽，形成粉细砂稳定开挖坡面后，再按反滤要求抛投压坡料，然后抽水开挖。

支护开挖：垂直开挖粉细砂，须采用排桩、地下连续墙、钢板桩或冻结帷幕支护后进行开挖；当结合建筑物基础时，也可采用沉井、沉箱结构。由于排桩有缝隙，必须结合深层搅拌或高喷帷幕防渗及深井抽水防止流砂。

④水中开挖粉细砂

动水中开挖：利用抛石束窄河床，加大流速，冲刷上部粉细砂。

静水中开挖：采用水下开挖机械（绞吸式、链斗式挖泥船、吸泥泵、空气吸泥机等）直接开挖。水下开挖粉细砂，初期可形成 1∶1.8 甚至更陡边坡。但会逐渐变缓，几天后即达 1∶6~1∶12 的稳定缓坡。因此，应在挖粉细砂后的边坡处于陡坡状态时抓紧填筑。

第四节 泵站工程施工

泵站的基本功能是通过水泵的工作体（固体、液体或气体）的运动（旋转运动或往复运动等），把外加的能量（电、热、水或风能等）转变成机械能，并传给被抽液体，使液体的位能、压能和动能增加；同时，通过管道把液体提升到高处，或输送到远处。

一、泵站的类型

按水泵的类型分类，泵站可分为离心泵站、轴流泵站和混流泵站；

按动力分类，泵站可分为电动泵站、机动泵站、水轮泵站、风力泵站和太阳能泵站；

按任务分类，泵站可分为供水泵站、排水泵站、调水泵站、加压泵站和蓄能泵站。

泵站工程主要由泵房、管道、进出水建筑物以及变电站等组成。在泵房内安装由水泵、传动装置和动力机组组成的机组，还有辅助设备和电气设备等。进出水建筑物主要有取水、引水设施以及进水池和出水池（或水塔）等。泵站的管道包括进水管和出水管。进水管把水源和水泵进口连起来；出水管则是连接水泵出口和出水池的管道。

泵站投入运行后，水流即可经过进水建筑物和进水管进入水泵，通过水泵加压后，将水流送往出水池（或水塔）或管网，从而达到提水或输水的目的。

二、水泵的类型

水泵机组包括水泵、动力机和传动设备。它是泵站工程的主要设备，又称为主机组。泵站的辅助设备、电气设备和泵站中的各种建筑物都是为主机组的运行和维护服务的。

泵站工程中最常用的水泵为叶片泵。按工作原理可分为离心泵、轴流泵及混流泵；按泵轴安装形式分为立式、卧式和斜式；按电机是否能在水下运行分为常规泵机组和潜水电泵机组等。

三、泵站工程概述

（一）泵房基础施工

1. 土方开挖

第一，恢复定线，放出边线桩，标上开挖深度。对不同开挖段采取不同的施工方法。

第二，土方开挖采用机械化施工方法：土方运距在100 m左右，选用推土机挖运；大体积的土方开挖远运，宜用挖装机械配合自卸汽车施工。

第三，土方开挖开工前，应考虑排水系统的布设，防止在施工中线路外的水流入线内，并将线路内的水（包括地面积水、雨水、地下渗水）迅速排出路基，保证施工顺利进行。

2. 灰土垫层施工

第一，施工前应进行验槽，应将积水、淤泥清除干净，等干燥后再进行灰土垫层的铺筑。

第二，灰土施工时，应适当控制其含水量，以用手紧握土料成团，两指轻捏能碎为宜，如土料水分过多或不足，可以晾干或洒水润湿。

第三，灰土垫层铺筑前，应预先在坑壁进行厚度控制，铺土时进行分层施工，每层厚度为 20 cm，基坑边缘处等机械无法碾压处采用蛙式打夯机进行压实。每层灰土的夯打遍数要求不少于 4 遍。灰土分段施工时，上下相邻两层灰土间距不得大于 50 cm，接缝处灰土应充分压实。

第四，入槽的灰土，不得隔日夯打。夯实后的灰土 3 d 内不得受水浸泡。刚打完或尚未夯实的灰土，如遭受雨淋浸泡则应将松软土去除并补填夯实，受湿润的灰土，应进行晾晒后使用。

泵房混凝土施工的内容：主副厂房的封闭圈（基础）、柱、楼梯、圈梁和前池混凝土施工及钢筋安装，模板架立、拆除以及预埋件的安装施工等。混凝土施工的工序是：前一道工序验收→弹线放样→模板安装→预埋件埋设→钢筋绑扎→混凝土浇筑→模板拆除→养护。

3. 弹线放样

在垫层施工验收后，首先引测建筑的边柱或者墙轴线，并以该轴线为起点，引出每条轴线，根据轴线与施工图用墨线弹出模板的内线、边线以及外侧控制线，施工前四线必须到位，便于模板的安装和校正。支顶板前放线工应提供模板标高控制线，支顶板后质检员应检查标高，确保准确无误。

4. 钢筋绑扎

钢筋绑扎前，应先熟悉图纸，在前一道工序检查合格后，再进行钢筋的绑扎。

5. 模板安装

模板安装应早于钢筋绑扎，对预埋管线和预埋件，应先在模板的相应部位画线做标记，然后将管线预埋件等在模板上加以固定。

模板支设完毕后，要进行预检，检查安装质量及安全措施等，经监理签认合格后方可进行下道工序施工。另外，浇筑混凝土时，须有木工专门负责看管模板。

6. 混凝土浇筑

（1）主厂房封闭圈混凝土

从伸缩缝处分为两部分进行浇筑，封闭圈与壁柱、吊车柱一次浇筑完毕，为保证混凝土性能，浇筑时采用连续浇筑。柱浇筑时，应先浇筑 5 cm 厚比柱混凝土高一级标号的净浆接缝，严格分层浇捣，每浇筑层高 50 cm，采用插入式振动器仔细振捣。

同时考虑到层高超过 2 m，在运输过程中不能直接下料，采用溜管或溜槽配合下料，以防离析。

（2）墙柱混凝土施工

墙柱混凝土浇筑时，宜从轴线两边对称进行，使整个楼层的柱模均匀受力，防止模板造成侧向偏位。为防止混凝土离析，做串筒或溜槽进行浇筑。

框架柱在全高范围内，不宜一次浇筑到顶，宜分段、分层浇筑，这样有利于模板稳定。同时，要严格控制下料速度，分层下料，确保混凝土振捣密实。

（3）梁板混凝土浇筑

顶板混凝土的虚铺厚度应略大于板厚，用平板振捣器垂直浇筑方向来回振捣，并用铁插尺检查混凝土厚度，振捣完毕后用长木抹子抹平。施工缝处或有预埋件及插筋处用木抹子找平。浇筑板混凝土时不允许用振捣棒铺摊混凝土。

顶板标高应根据引测到柱子主筋上标高控制线，用线拉成控制网，严格控制顶板标高。

浇筑 2~6 h 后，在初凝前用木抹反复搓压三遍，使其表面密实，这样能较好地控制混凝土表面龟裂，减少混凝土表面水分的散发，促进养护。

（4）楼梯混凝土施工

考虑工程实际情况，楼梯在结构施工完毕后施工，楼梯钢筋从结构中甩出钢筋接茬，楼梯梁与楼梯后浇筑混凝土，浇筑前，与结构接触面混凝土应凿毛。

楼梯段混凝土自下而上浇筑，先振实底板混凝土，达到踏步位置时再与踏步混凝土一起浇捣，不断连续向上推进，并随时用木抹子将踏步上表面抹平、一次压光到位。

混凝土浇筑过程中应经常检查模板、支架、钢筋、铁件和预留洞口情况，发现模板有变形、移位时，应立即停止浇筑，并在已浇筑的混凝土终凝前修好。另外，在浇筑过程中，注意按要求进行混凝土质量检查和混凝土试块的预留。

（5）混凝土养护

混凝土柱及楼板混凝土均采用浇水养护，地下结构抗渗混凝土应连续浇水养护 14 d，大气温度较低时应注意用阻燃草覆盖保温，特别应加强对底板混凝土的养护。地上结构应连续浇水养护 7 d，浇水次数以保证混凝土表面湿润。气候炎热的夏天，混凝土应满挂麻布后浇水，以增强养护效果。

7. 拆模

混凝土的拆模严格执行拆模申请制度，由分包方向总包方提出申请，相关工程师根据同条件养护试块的强度，下达拆模令，方可拆模。模板的拆除应严格按规范要求，并在混凝土施工时，留置两组试块，同条件养护，作为拆模的依据。混凝土若未达到强度要求，不得提前拆模，且根据设计要求混凝土施工完 3 d 内禁止施工下一道工序。

（二）砖墙砌筑

施工工艺流程为：砖浇水→砂浆搅拌→砌砖墙→验评。

主要施工方法如下。

第一，砖浇水：黏土砖必须在砌筑前一天浇水湿润，一般以水浸入砖四边 1.5 m 为宜，含水率为 10%~15%。常温施工不得用干砖上墙，雨季不得使用含水率达饱和状态的砖砌墙。

第二，砂浆搅拌：砂浆配合比应采用重量比，计量精度水泥为±2%，砂、灰膏控制在±5%以内。宜用机械搅拌，搅拌时间不少于 1.5 min。

第三，砌砖墙的组砌方法：砌体一般采用一顺一丁（满丁、满条）、梅花丁或三顺一丁砌法。砖柱不得采用先砌四周后填心的包心砌法。

（三）屋面工程施工

当屋架混凝土强度达到 100% 后方可吊装。吊装时，先在屋架上弦顶面标注几何中心线，并从跨度中央向两端标出屋面板的安装中心线，同时在端头标出安装中心线。吊装工艺流程为：混凝土强度检测→绑扎→扶直就位→吊升→对位、临时固定、校正→最后固定。

屋架的绑扎点选在上弦节点处，对称于屋架的重心；扶直就位时可以采用正向扶直，起重机位于屋架下弦一边，扶直起吊时保持吊钩始终位于上弦中点的垂直上方。水泥砂浆找平层采用吊车上料，人工进行平料。

（四）门窗安装

门窗安装施工工序为：立门窗框—塞缝—装扇—装玻璃。

塞缝。窗框固定好后复查平整度和水平度，再扫清边框处的浮土，洒水湿润基层，用 1：2 水泥砂浆将窗口与窗框间的缝隙分层填实。待塞灰达到一定强度后，再拔去木楔，抹平表面。

装扇。推拉窗要在上框内做导轨和滑轮，再进行窗扇的安装。

装玻璃。安装时，先在型材安装玻璃部位支塞橡胶带，用玻璃吸手安入玻璃，前后垫实，使缝隙一致，然后塞入橡胶条密封。

（五）勾缝

施工工艺流程：弹线找规→开缝、补缝→门窗四周塞缝→墙面浇水→勾缝→清扫墙面→找补漏缝→清理墙面。

墙面勾缝前应浇水，润湿墙面。

拌和砂浆。勾缝用砂浆的配合比为 1∶1 或 1∶1.5（水泥∶砂），应注意随用随拌，不可使用过夜灰。

勾缝。勾缝顺序应由上而下，先勾水平缝，后勾立缝。天气干燥时，对已勾好的缝浇水养护。

四、桥式起重机及水泵组的安装

（一）安装前的检验

1. 设备检验

（1）外观检验

设备开箱检查前，必须查明所到设备的名称、型号和规格，检查设备的箱号和箱数以及包装情况有无损坏等。

设备开箱验收时，先将设备顶板上的尘土打扫干净，防止尘土落入设备内。开箱时一般白顶板开始，查明情况后，再采用适当办法拆除其他箱板，要选择合适的开箱工具，不要用力过猛，以免损坏箱内设备。

设备的清点应根据制造厂提供的设备装箱清单进行。清点时，首先应核实设备的名称、型号和规格，清点设备的零件、部件、附件、备件、专用工具及技术文件是否与装箱单相符。

检查设备的外观质量，如有缺陷、损坏和锈蚀等情况，填写检查记录单，并经厂家确认。分析原因，查明责任，报主管部门进行研究处理。内部尺寸和性能检验水泵在安装过程中必须按说明书和原装图中的规定进行尺寸检验。

（2）高压电动机安装前的检验

风机、排水泵安装前检验：盘动转子是否灵活，有无卡阻碰撞，润滑油是否完好。

蝶阀、伸缩节检验：闸板、套管的密封性，转轴回转配合情况；液控系统油箱、油。

（3）管、配电箱等设备情况

桥式起重机检验：根据供货清单清点各类设备、材料，对于缺损件要及时反馈，以免影响设备的安装、调试及试运行。

2. 设备基础检验

工程主机泵、桥式起重机均为钢筋混凝土基础，由于设备安装要求保持相对位置不变，以及设备重量和运行振动力的存在，要求基础必须有足够的强度和刚度。因此，设备安装前必须对设备基础进行检验。

（1）主机泵基础检验

按照主机泵、电动机的实际组合尺寸和设计图纸给定的标高，检验基础高程，偏差±10 mm；基础纵向中心线应垂直于横向中心线，与泵站纵横中心线要平行，偏差不大于5 mm；基础预留螺栓孔方位尺寸要符合设计尺寸的要求，内孔无积水杂物，孔位垂直。

（2）起重机基础检验

桥式起重机梁应平直，外观平滑整齐；螺孔位置准确，无堵塞。

3. 安装施工准备

编制详细的施工组织措施报监理审核批准后按施工措施准备工器具、材料，对施工人员进行安全教育，技术方案交底。

备好方木、千斤顶、导链、卷扬机等工具，型号要与桥式起重机相对应。

4. 桥机轨道安装

钢在安装前要校正，其侧面水平度不大于1/500，全长偏差不大于2 mm。钢轨两端面应平直，斜度不大于1 mm。

钢轨安装前，压板、夹板、螺栓、垫片、垫板、车挡均应加工完毕，并做好高空作业安全防护的教育工作。

据施工图纸，用测量仪器精确布线，严格控制安装尺寸使之满足下列要求：单轨中心线与设计中心线偏差不大于3 mm，两轨中心差不大于5 mm，同断面两轨高度差不大于8 mm，轨道接头，错位不大于1 mm，接缝1~3 mm，并保证伸缩量，纵向水平度不大于1/1500，全长偏差不大于10 mm，两侧轨道接头位置应错开，其错开距离应大于前后车轮的轮距，轨道接头处左、右、上三个面的偏移均不大于1 mm。

5. 桥机吊装

首先，将桥机的大车行走机构利用汽车吊装到上、下游侧轨面上，利用楔子板将台车调整水平。

其次，将桥机大梁运到厂房安装场，利用汽车吊慢慢将主梁提升到超过行走台车上面高程，再将主梁扭转回来并调平，对准大梁与台车连接螺栓孔，然后再慢慢地落到桥机行走台车上面，将螺栓把紧。

最后，利用汽车吊安装其他部件（包括操作室等）。

6. 桥机电气设备安装

按制造商和工程设计单位的图纸及技术文件组装桥机和调整试验。施工工艺及质量要求符合规定的标准和规范。

悬吊式软电缆安装的要求如下。

第一，当采用型钢做软电缆滑道时，型钢应安装平直，滑道平正光滑，机械强度符合要求。

第二，悬挂装置的电缆夹，与软电缆可靠固定，电缆夹间的距离不大于 5 m。

第三，软电缆安装后，其悬挂装置沿滑道移动灵活、无跳动、无卡阻。

第四，软电缆移动段的长度，比起重机移动距离长 15%～20%，并加装牵引绳，牵引绳长度短于软电缆移动段的长度。

第五，软电缆移动部分两端分别与起重机、钢索或型钢滑道牢固固定。

7. 制动装置的安装

第一，制动装置的动作应迅速、准确、可靠。

第二，处于非制动状态时，闸带、闸瓦与闸轮的间隙应均匀，且无摩擦。

第三，当起重机的某一机构是由两组在机械上互不联系的电动机驱动时，其制动器的动作时间应一致。

8. 行程限位开关、撞杆的安装

第一，起重机行程限位开关动作后，能自动切断相关电源，并使起重机各机构在下列位置停止：吊钩、抓斗升到离极限位置不小于 100 mm 处。

第二，起重臂升降的极限角度符合产品规定。

第三，撞杆的装设及其尺寸的确定，应保证行程限位开关可靠动作，撞杆及撞杆支架在起重机工作时不晃动。撞杆宽度能满足机械横向窜动范围的要求，撞杆的长度能满足机械最大制动距离的要求。

第四，撞杆在调整定位后，固定可靠。

9. 控制器的安装

控制器的安装位置，应便于操作和维修；操作手柄或手轮的安装高度，应便于操作与监视。操作方向宜与机构运行的方向一致。

10. 起重量限制器的调试

第一，起重量限制器综合误差不大于 8%。

第二，当载荷达到额定起重量的90%时，能发出提示性报警信号。

第三，当载荷达到额定起重量的110%时，能自动切断起升机构电动机的电源，并发出禁止性报警信号。

（二）主机泵组安装

根据主机泵组的类型，按先固定部件后转动部件的规律进行安装、调试。安装过程中必须严格控制固定部分的高程、水平度、垂直度，转动部分的轴线同心、径向摆渡及各部间隙，安装时使用泵站内桥式起重机。下面以卧式水泵类型介绍其安装过程。

1. 机泵及其附属设备基础预埋

第一，机泵及其附属设备基础、通风设备和通风管、起重机轨道、单轨小车轨道、启闭机基础等的螺杆、插筋、锚杆、型钢和钢板等预埋件的埋设应严格遵守施工详图和技术规范的要求。

第二，预埋件安装固定：机组模板安装完毕后，在混凝土浇筑前，将埋件就位，焊接固定在机座钢筋上，严格控制埋件的位置、高程，使高程误差控制在±5 mm 内。

第三，机座一期混凝土浇筑时，应控制浇筑速度，以免在浇筑过程中使预埋件变形，混凝土浇筑高度距埋件顶部 300 mm 处为宜。

第四，机组钢架制作与安装：钢架的制作在施工平台上进行，按设计图纸和有关规范要求进行下料、加工、组焊。钢架安装在机座预埋件上，以焊接方式进行连接，先点焊，再调整找正。钢架安装完成后，进行二期混凝土浇筑。

2. 水泵安装

第一，机组基础检验合格后，对基础表面凿毛、清扫，对地脚螺栓预留孔做拉铺处理，并用测量仪器放出机组纵、横中心线。

第二，用桥式起重机吊起水泵，并穿入地脚螺栓，同时选好位置安放临时垫铁，用四点吊线法将水泵逐个吊装就位。

第三，浇灌地脚螺孔内二期混凝土：水泵检查和初平工作完成后，立即浇筑螺孔内二期细碎石混凝土。混凝土强度等级比原基础高一号，一般不低于 C25。浇二期混凝土时要振捣密实，防止螺栓歪斜，如设备外表飞溅混凝土浆，事后立即清理。

第四，安放永久垫铁，在平垫下铺设不小于 30 mm 的细碎石混凝土，使斜铁上面与泵脚下加工面保持无缝接触，并做好铁件下落检查，各垫铁间接触应良好。

3. 电动机安装

第一，电动机联轴器安装与检验，安装联轴器时先清洗轴颈、联轴器孔和键槽，并用砂布去除轴的毛刺、杂质，联轴器采用外加温热装法，温度控制在100℃~150℃即可。

第二，电动机的初平：用桥式起重机吊起电机穿地脚螺栓就位。支好临时性垫铁，电动机从底座和轴径处控制纵横水平（可与水泵初平同时进行），以水泵为准。用靠尺和百分表测量，初步调整到轴向同心差不大于0.2 mm，径向同心差不大于0.1 mm，水泵和电机联轴器采用弹性联结，两者间距为联轴器外径的2%。

第三，安放永久垫铁、浇筑地脚螺孔二期混凝土。

第三章　水利工程施工管理

第一节　水利工程施工项目成本管理

一、施工项目成本管理的基本任务

（一）施工项目成本的概念

施工项目成本是指建筑施工企业完成单位施工项目所发生的全部生产费用的总和，包括完成该项目所发生的人工费、材料费、施工机械费、措施项目费、管理费，但是不包括利润和税金，也不包括构成施工项目价值的一切非生产性支出。

施工项目成本的构成如下。

1. 直接成本

（1）直接工程费

①人工费；②材料费；③施工机械使用费。

（2）措施费

①环境保护费、文明施工费、安全施工费；②临时设施费、夜间施工费、二次搬运费；③大型机械设备进出场及安装费；④混凝土、钢筋混凝土模板及支架费；⑤脚手架费、已完成工程及设备保护费、施工排水费、降水费。

2. 间接成本

（1）规费

①工程排污费、工程定额测定费、住房公积金；②社会保障费，包括养老、失业、医疗保险费；③危险作业意外伤害保险费。

（2）企业管理费

①管理人员工资、办公费、差旅交通费、工会经费；②固定资产使用费、工具用具使用费、劳动保险费；③职工教育经费、财产保险费、财务费。

（二）施工项目成本的主要形式

1. 直接成本和间接成本

施工项目成本按照生产费用计入成本的方法可分为直接成本和间接成本。直接成本是指直接用于并能够直接计入施工项目的费用，如人工工资、材料费用等；间接成本是指不能够直接计入施工项目的费用，只能按照一定的计算基数和一定的比例分配并计入施工项目的费用，如管理费、规费等。

2. 固定成本和变动成本

施工项目成本按照生产费用与产量的关系可分为固定成本和变动成本。在一段时间和一定工程量的范围内，固定成本不会随工程量的变动而变动，如折旧费、大修费等；变动成本会随工程量的变化而变动，如人工费、材料费等。

3. 预算成本、计划成本和实际成本

施工项目成本按照控制的目标，从发生的时间可分为预算成本、计划成本和实际成本。

预算成本是根据施工图结合国家或地区的预算定额及施工技术等条件计算出的工程费用。它是确定工程造价和施工企业投标的依据，也是编制计划成本和考核实际成本的依据。它反映的是一定范围内的平均水平。

计划成本是施工项目经理在施工前，根据施工项目成本管理目的，结合施工项目的实际管理水平编制的计算成本。编制计划成本有利于加强项目成本管理、建立健全施工项目成本责任制，控制成本消耗、提高经济效益。它反映的是企业的平均先进水平。

实际成本是施工项目在报告期内通过会计核算计算出的项目的实际消耗。

（三）施工项目成本管理的基本内容

施工项目成本管理包括成本预测和决策、成本计划编制、成本计划实施、成本核算、成本检查、成本分析以及成本考核。成本计划的编制与实施是关键的环节。因此，在进行施工项目成本管理的过程中，必须具体研究每一项内容的有效工作方式和关键控制措施，从而使得施工项目整体的成本控制获得预期效果。

1. 施工项目成本预测

施工项目成本预测是根据一定的成本信息结合施工项目的具体情况，采用一定的方法对施工项目成本可能发生或发展的趋势做出的判断和推测。成本决策则是在预测的基础上确定降低成本的方案，并从可选的方案中选择最佳的成本方案。

成本预测的方法有定性预测法和定量预测法。

（1）定性预测法

定性预测是指具有一定经验的人员或有关专家依据自己的经验和能力水平对未来成本发展的态势或性质做出分析和判断。该方法受人为因素影响很大，并且不能量化，具体包括专家会议法、专家调查法（德尔菲法）、主观概率预测法。

（2）定量预测法

定量预测法是指根据收集的比较完备的历史数据，运用一定的方法计算分析，以此来判断成本变化的情况。此法受历史数据的影响较大，可以量化，具体包括移动平均法、指数滑移法、回归预测法。

2. 施工项目成本计划

成本计划是一切管理活动的首要环节。施工项目成本计划是在预测和决策的基础上对成本的实施做出计划性的安排和布置，是施工项目降低成本的指导性文件。

制订施工项目成本计划的原则如下。

①从实际出发

根据国家的方针政策，从企业的实际情况出发，充分挖掘企业内部潜力，使降低成本指标切实可行。

②与其他目标计划相结合

制订工程项目成本计划必须与其他各项计划（如施工方案、生产进度、财务计划等）密切结合。一方面，工程项目成本计划要根据项目的生产、技术组织措施、劳动工资、材料供应等计划来编制；另一方面，工程项目成本计划又影响着其他各种计划指标适应降低成本指标的要求。

③采用先进的经济技术定额的原则

根据施工的具体特点，有针对性地采取切实可行的技术组织措施。

④统一领导、分级管理

在项目经理的领导下，以财务和计划部门为中心，发动全体职工共同总结降低成本的经验，找出降低成本的正确途径。

⑤弹性原则

应留有充分的余地，保持目标成本有一定弹性。在制订期内，项目经理部内外技术经济状况和供销条件会发生一些不可预料的变化，尤其是供应材料，市场价格千变万化，给目标的制定带来了一定的困难，因而在制定目标时应充分考虑这些情况，使成本计划保持一定的适应能力。

3. 施工项目成本控制

成本控制包括事前控制、事中控制和事后控制。

（1）工程前期的成本控制（事前控制）

成本的事前控制是通过成本的预测和决策，落实降低成本措施，编制目标成本计划而层层展开的，分为工程投标阶段和施工准备阶段的成本控制。成本计划属于事前控制。

（2）实施期间成本控制（事中控制）

事中控制是指在项目施工过程中，通过一定的方法和技术措施，加强对各种影响成本的因素进行管理，将施工中所发生的各种消耗和支出尽量控制在成本计划内。

事中控制的任务是：建立成本管理体系；项目经理部应将各项费用指标进行分解，以确定各个部门的成本指标；加强成本的控制。事中控制要以合同造价为依据，从预算成本和实际成本两方面控制项目成本。实际成本控制应对主要工料的数量和单价、分包成本和各项费用等影响成本的主要因素进行控制，主要是加强施工任务单和限额领料单的管理；将施工任务单和限额领料单的结算资料与施工预算进行核对，计算分部（分项）工程成本差异，分析产生差异的原因，采取相应的纠偏措施；做好月度成本原始资料的收集、整理及月度成本核算；在月度成本核算的基础上，实行责任成本核算。除此之外，还应经常检查对外经济合同履行情况，定期检查各责任部门和责任者的成本控制情况，检查责、权、利的落实情况。

（3）竣工验收阶段的成本控制（事后控制）

事后控制主要是重视竣工验收工作，对照合同价的变化，将实际成本与目标成本之间的差距加以分析，进一步挖掘降低成本的潜力。主要工作是合理安排时间，完成工程竣工扫尾工作，把消耗的时间降到最低；重视竣工验收工作，顺利交付使用；及时办理工程结算；在工程保修期间，应由项目经理指定保修工作者，并责成保修工作者提交保修计划；将实际成本与计划成本进行比较，计算成本差异，明确是节约还是浪费；分析成本节约或超支的原因和责任归属。

4. 施工项目成本核算

施工项目成本核算是指对项目施工过程中所发生的各种费用进行核算。它包括两个基本的环节：一是归集费用，计算成本实际发生额；二是采取一定的方法计算施工项目的总成本和单位成本。

（1）施工项目成本核算的对象

①一个单位工程由几个施工单位共同施工，各单位都应以同一单位工程作为成本核算对象。

②规模大、工期长的单位工程可以划分为若干部位，以分部工程作为成本核算对象。

③同一建设项目，由同一施工单位施工，在同一施工地点，属于同一结构类型，开工、竣工时间相近的若干单位工程可以合并作为一个成本核算对象。

④改、扩建的零星工程可以将开工、竣工时间相近，且属于同一个建设项目的各单位工程合并成一个成本核算对象。

⑤土方工程、打桩工程可以根据实际情况，以一个单位工程为成本核算对象。

（2）工程项目成本核算的基本框架

①人工费核算：内包人工费、外包人工费。

②材料费核算：编制材料消耗汇总表。

③周转材料费核算：

A. 实行内部租赁制；

B. 项目经理部与出租方按月结算租赁费用；

C. 周转材料进出时，加强计量验收制度；

D. 租用周转材料的进退场费，按照实际发生数，由调入方承担；

E. 对 U 形卡、脚手架等零件，在竣工验收时进行清点，按实际情况计入成本；

F. 租赁周转材料时，不再分配承担周转材料差价。

④结构件费核算：

A. 按照单位工程使用对象编制结构件耗用月报表；

B. 结构件单价以项目经理部与外加工单位签订的合同为准；

C. 耗用的结构件品种和数量应与施工产值相对应；

D. 结构件的高进、高出价差核算同材料费的高进、高出价差核算一致；

E. 如发生结构件的一般价差，可计入当月项目成本；

F. 部位分项分包工程，按照企业通常采用的类似结构件管理核算方法；

G. 在结构件外加工和部位分项分包工程施工过程中，尽量获取经营利益或转嫁压价、让利风险所产生的利益。

⑤机械使用费核算：

A. 机械设备实行内部租赁制；

B. 租赁费根据机械使用台班、停用台班和内部租赁价计算，计入项目成本；

C. 机械进出场费，按规定由承租项目承担；

D. 各类大中小型机械，其租赁费全额计入项目机械成本；

E. 结算原始机械，按当月租赁费用金额计入项目机械成本。

⑥其他直接费核算：

A. 材料二次搬运费，临时设施摊销费；

B. 生产工具用具使用费；

C. 除上述费用外，其他直接费均按实际发生时的有效结算凭证计算，计入项目成本。

⑦施工间接费核算：

A. 要求以项目经理部为单位编制工资单和奖金单，列支工作人员薪金；

B. 劳务公司所提供的炊事人员、服务人员、警卫人员承包服务费计入施工间接费；

C. 内部银行的存贷利息，计入内部利息；

D. 先按项目归集施工间接费用总账，再按一定分配标准计入收益成本。

⑧分包工程成本核算：

A. 包清工工程，纳入外包人工费内核算；

B. 部位分项分包工程，纳入结构件费内核算；

C. 机械作业分包工程，只统计分包费用，不包括物耗价值；

D. 项目经理部应增设分建成本项目，核算双包工程、机械作业分包工程的成本状况。

5. 施工项目成本分析

施工项目成本分析就是在成本核算的基础上采用一定的方法，对所发生的成本进行比较分析，检查成本发生的合理性，找出成本的变动规律，寻求降低成本的途径。施工项目成本分析方法主要有对比分析法、连环替代法等。

（1）对比分析法

对比分析法是通过实际完成成本与计划成本或承包成本进行对比，找出差异，分析原因，以便改进。这种方法简单易行，但注意比较指标的内容要保持一致。

（2）连环替代法

连环替代法可用来分析各种因素对成本形成的影响。分析的顺序是：先绝对量指标，后相对量指标；先实物量指标，后货币量指标。

6. 成本考核

成本考核就是在施工项目竣工后，对项目成本的负责人考核其成本完成情况，以做到有奖有罚，避免"吃大锅饭"，以提高职工的劳动积极性。

施工项目成本考核的目的是通过衡量项目成本降低的实际成果，对成本指标完成情况进行总结和评价。

施工项目成本考核应分层进行，企业对项目经理部进行成本管理考核，项目经理部对项目部内部各作业队进行成本管理考核。

施工项目成本考核的内容是既要对计划目标成本的完成情况进行考核，又要对成本管理工作业绩进行考核。

施工项目成本考核的要求如下。

①企业对项目经理部进行考核的时候，以责任目标成本为依据。

②项目经理部以控制过程为考核重点。

③成本考核要与进度、质量、安全指标的完成情况相联系。

④应形成考核文件，为对责任人进行奖罚提供依据。

二、施工项目成本控制

（一）施工项目成本控制的原则

一是以收定支的原则。

二是全面控制的原则。

三是动态性原则。

四是目标管理原则。

五是例外性原则。

6.责、权、利、效相结合的原则。

（二）施工项目成本控制的依据

一是工程承包合同。

二是施工进度计划。

三是施工项目成本计划。

四是各种变更资料。

（三）施工项目成本控制的步骤

第一，比较施工项目成本计划与实际的差值，确定是节约还是超支。

第二，分析节约或超支的原因。

第三，预测整个项目的施工成本，为决策提供依据。

第四，施工项目成本计划在执行的过程中出现偏差，采取相应的措施加以纠正。

第五，检查成本完成情况，为今后的工作积累经验。

（四）施工项目成本控制的手段

1. 计划控制

计划控制是用计划的手段对施工项目成本进行控制。施工项目成本预测和决策为成本计划的编制提供依据。编制成本计划应先设计降低成本的技术组织措施，再编制降低成本的计划，将承包成本额降低而形成计划成本，从而成为施工过程中成本控制的标准。

成本计划编制方法有以下两种。

（1）常用方法

在概预算编制能力较强，定额比较完备的情况下，特别是施工图预算与施工预算编制经验比较丰富的企业，施工项目成本目标可采用定额估算法确定。施工图预算反映的是完成施工项目任务所需的直接成本和间接成本，它是招标投标中编制标底的依据，也是施工项目考核经营成果的基础。施工预算是施工项目经理部根据施工定额制定的，作为内部经济核算的依据。

过去，通常以两算（概算、预算）对比差额与所采用技术措施带来的节约额来估算计划成本的降低额，其计算公式为：计划成本降低额＝两算对比差额＋技术措施节约额。

（2）计划成本法

施工项目成本计划中计划成本的编制方法通常有以下几种。

①施工预算法。计算公式为：计划成本＝施工预算成本－技术措施节约额。

②技术措施法。计算公式为：计划成本＝施工图预算成本－技术措施节约额。

③成本习性法。计算公式为：计划成本＝施工项目变动成本＋施工项目固定成本。

④按实计算法。施工项目部以该项目的施工图预算的各种消耗量为依据，结合成本计划降低目标，由各职能部门结合本部门的实际情况，分别计算各部门的计划成本，最后汇总得出项目的总计划成本。

2. 预算控制

预算控制是在施工前根据一定的标准（如定额）或者要求（如利润）计算的买卖（交易）价格，在市场经济中也可以叫作估算或承包价格。它作为一种收入的最高限额，减去预期利润，便是工程预算成本数额，也可以用来作为成本控制的标准。用预算控制成本可分为两种类型：一是包干预算，即一次性固定预算总额，不论中间有何变化，成本总额不予调整；二是弹性预算，即先确定包干总额，但是可根据工程的变化进行商洽，做出相应的变动。我国目前大部分工程采用弹性预算控制。

3. 会计控制

会计控制是指以会计方法为手段，以记录实际发生的经济业务及证明经济业务的合法凭证为依据，对成本的支出进行核算与监督，从而发挥成本控制作用。会计控制方法系统性强、严格、具体、计算准确、政策性强，是理想的也是必需的成本控制方法。

4. 制度控制

制度是对例行活动应遵循的方法、程序、要求及标准做出的规定。成本的控制制度就是通过制定成本管理的制度，对成本控制做出具体的规定，作为行动的准则，约束管理人员和工人，达到控制成本的目的。如成本管理责任制度、技术组织措施制度、定额管理制度、材料管理制度、劳动工资管理制度、固定资产管理制度等，都与成本控制关系非常密切。

在施工项目成本管理中，上述手段应同时进行并综合使用，不应孤立地使用某一种控制手段。

（五）施工项目成本控制常用的方法

1. 偏差分析法

在施工项目成本控制中，把已完工程成本的实际值与计划值的差异称为施工项目成本偏差，即施工项目成本偏差＝已完工程实际成本－已完工程计划成本。若计算结果为正数，表示施工项目成本超支；反之，则为节约。该方法为事后控制的一种方法，也可以说是成本分析的一种方法。

2. 以施工图预算控制成本

采用此法时，要认真分析企业实际的管理水平与定额水平之间的差异，否则达不到控制成本的目的。

（1）人工费的控制

项目经理与施工作业队签订劳动合同时，应该将人工费单价定得低一些，其余的部分可以用于定额外人工费和关键工序的奖励费。这样，人工费就不会超支，而且还留有余地，以备关键工序之需。

（2）材料费的控制

在按"量价分离"方法计算工程造价的条件下，水泥、钢材、木材的价格由市场价格而定，实行高进高出，即地方材料的预算价格＝基准价×（1+材差系数）。因为材料价格随市场价格变动频繁，所以项目材料管理人员必须经常关注材料市场价格的变动情况，并积累详细的市场信息。

（3）周转设备使用费的控制

施工图预算中的周转设备使用费为耗用数与市场价格之积，而实际发生的周转设备使用费等于企业内部的租赁价格或摊销费，由于两者计算方法不同，只能以周转设备预算费的总量来控制实际发生的周转设备使用费的总量。

（4）施工机械使用费的控制

施工图预算中的施工机械使用费＝工程量×定额台班单价。由于施工项目的特殊性，实际的机械使用率不可能达到预算定额的取定水平，加上机械的折旧率又有较大的滞后性，施工图预算中的施工机械使用费往往小于实际发生的施工机械使用费。在这种情况下，就可以用施工图预算中的施工机械使用费和增加的机械费补贴来控制机械费的支出。

（5）构件加工费和分包工程费的控制

在市场经济条件下，混凝土构件、金属构件、木制品和成型钢筋的加工，以及相关的打桩、吊装、安装、装饰和其他专项工程的分包，都要以经济合同来明确双方的权利和义务。签订这些合同的时候决不允许合同金额超过施工图预算。

3. 以施工预算控制成本消耗

以施工预算控制成本消耗即以施工过程中的各种消耗量（包括人工工日、材料消耗、机械台班消耗量）为控制依据，以施工图预算所确定的消耗量为标准，人工单价、材料价格、机械台班单价则以承包合同所确定的单价为控制标准。该方法由于所选的定额是企业定额，能反映企业的实际情况，控制标准相对能够结合企业实际，比较切实可行。具体的处理方法如下。

第一，项目开工以前，编制整个工程项目的施工预算，作为指导和管理施工的依据。

第二，对生产班组的任务安排，必须签发施工任务单和限额领料单，并向生产班组进行技术交底。

第三，施工任务单和限额领料单在执行过程中，要求生产班组根据实际完成的工程量和实际消耗人工、实际消耗材料做好原始记录，作为施工任务单和限额领料单结算的依据。

第四，在任务完成后，根据回收的施工任务单和限额领料单进行结算，并按照结算内容支付报酬。

第二节　水利工程施工进度管理

一、进度管理概述

（一）进度的概念

进度通常是指工程项目实施结果的进展情况，在工程项目实施过程中要消耗时间（工期）、劳动力、材料、成本等才能完成项目的任务。当然，项目实施结果应该以项目任务的完成情况（如工程的数量）来表达。但由于工程项目对象系统（技术系统）的复杂性，常常很难选定一个恰当的、统一的指标来全面反映工程的进度。有时，时间和费用与计划都吻合，但工程实物进度（工作量）未达到目标，则后期就必须投入更多的时间和费用。

在现代工程项目管理中，人们已赋予进度以综合的含义。进度将工程项目任务、工期、成本有机地结合起来，形成一个综合的指标，能全面反映项目的实施状况。进度控制已不只是传统的工期控制，而是将工期与工程实物、成本、劳动消耗、资源等统一起来进行综合控制。

（二）进度指标

进度控制的基本对象是工程活动。它包括项目结构图上各个层次的单元，上至整个项目，下至各个工作包（有时直到最低层次网络上的工程活动）。项目进度状况通常是通过各工程活动完成程度（百分比）逐层统计汇总计算得到的。进度指标的确定对进度的表达、计算、控制有很大影响。由于一个工程有不同的子项目、工作包，它们工作内容和性质不同，必须挑选一个共同的、对所有工程活动都适用的计量单位。

1. 持续时间

持续时间（工程活动的或整个项目的），是进度的重要指标。人们常用已经使用的工期与计划工期相比较以描述工程完成程度。例如，计划工期两年，现已经进行了一年，则工期已达50%。一个工程活动，计划持续时间为30 d，现已经进行了15 d，则已完成50%。但通常还不能说工程进度已达50%，因为工期与通常概念上的进度是不一致的，工程的效率和速度不是一条直线，如通常工程项目开始时工作效率很低，进度慢；到工程中期投入最大，进度最快；而后期投入又较少，所以工期达到50%，并不能表示进度达到了50%，何况在已进行的工期中还存在各种停工、窝工、干扰因素的影响，实际效率可能远低于计划的效率。

2. 按工程活动的结果状态数量描述

按工程活动的结果状态数量描述主要是针对专门的领域，其生产对象简单、工程活动简单。例如，设计工作按资料数量（图纸、规范等），混凝土工程按体积（墙、基础、柱），设备安装按吨位，管道、道路按长度，预制件按数量、重量、体积，运输量以吨、千米，土石方以体积或运载量来描述。特别是当项目的任务仅为完成这些分部工程时，以它们做指标比较能反映实际情况。

3. 已完成工程的价值量

已完成工程的价值量根据已经完成的工作量与相应的合同价格（单价），或预算价格计算。它将不同种类的分项工程统一起来，能够较好地反映工程的进度状况，这是常用的进度指标。

4. 资源消耗指标

最常用的资源消耗指标有劳动工时、机械台班、成本的消耗等。它们有统一性和较好的可比性，即各个工程活动甚至整个项目部都可用它们作为指标，这样可以统一分析尺度，但在实际工程中要注意如下问题。

一是投入资源数量和进度有时会有背离，会产生误导。例如，某活动计划需100工时，现已用了60工时，则进度已达60%。这仅是偶然的，计划劳动效率和实际劳动效率不会完全相等。

二是由于实际工作量和计划经常有差别，例如，计划100工时，由于工程变更，工作难度增加，工作条件变化，应该需要120工时，现完成60工时，实质上仅完成50%，而不是60%，所以只有当计划正确（或反映最新情况）并按预定的效率施工时才能得到正确的结果。

三是工程中经常用成本反映工程进度，但这里有如下因素要剔除：

①不正常原因造成的成本损失，如返工、窝工、工程停工。

②价格原因（如材料涨价、工资提高）造成的成本增加；

③考虑实际工程量，工程（工作）范围的变化造成的影响。

（三）工期控制和进度控制

工期和进度是两个既互相联系，又有区别的概念。

从工期计划中可以得到各项目单元的计划工期的各个时间参数，这些参数分别表示各层次的项目单元（包括整个项目）的持续、开始和结束时间以及允许的变动余地（各种时差）等，因此工期可以作为项目的目标之一。

工期控制的目的是使工程实施活动与上述工期计划在时间上吻合，即保证各工程活动按计划及时开工、按时完成，保证总工期不推迟。

进度控制的总目标与工期控制是一致的，但控制过程中它不仅追求时间上的吻合，而且追求在一定的时间内工作量的完成程度（劳动效率和劳动成果）或消耗与计划的一致性。

进度控制和工期控制的关系如下。

首先，工期常常作为进度的一个指标，它在表示进度计划及其完成情况时有重要作用。进度控制首先表现为工期控制，有效的工期控制能达到有效的进度控制，但仅用工期表达进度会产生误导。

其次，进度的拖延最终会表现为工期拖延。

最后，进度的调整常常表现为对工期的调整，为加快进度，可改变施工次序、增加资源投入，即通过采取措施使总工期提前。

（四）进度控制的过程

第一，采用各种控制手段保证项目及各个工程活动按计划及时开始，在工程实施过程中记录各工程活动的开始时间、结束时间及完成程度。

第二，在各控制期末（如月末、季末或一个工程阶段结束）将各活动的完成程度与计划对比，确定整个项目的完成程度，并结合工期、生产成果、劳动效率、消耗等指标，评价项目进度状况，分析其中的问题。

第三，对下期工作做出安排，对一些已开始但尚未结束的项目单元的剩余时间做估算，提出调整进度的措施，根据工程已完成状况做出新的安排和计划，调整网络计划（如变更逻辑关系、延长或缩短持续时间、增加新的活动等），重新进行网络计划分析，预测新的工期状况。

第四，对调整措施和新计划做出评审，分析调整措施的效果，分析新的工期是否符合目标要求。

二、进度计划实施中的调整方法

（一）分析偏差对后续工作及工期的影响

当进度计划出现偏差时，需要分析偏差对后续工作产生的影响。分析的方法主要是利用网络计划中工作的总时差和自由时差来判断。工作的总时差（TF）不影响项目工期，但影响后续工作的最早开始时间，是工作拥有的最大机动时间；而工作的自由时差是指在不影响后续工作的最早开始时间的条件下，工作拥有的最大机动时间。利用时差分析进度计划出现的偏差，可以了解进度偏差对进度计划的局部影响（后续工作）和对进度计划的总体影响（工期）。具体分析步骤如下。

第一，判断进度计划偏差是否在关键线路上。如果出现工作的进度偏差，当 TF = 0 时，说明工作在关键线路上，无论偏差大小，都会对后续工作和工期产生影响，必须采取相应的调整措施；当 TF ≠ 0 时，则说明工作在非关键线路上，偏差的大小对后续工作和工期是否产生影响以及影响程度，还需要进一步分析判断。

第二，判断进度偏差是否大于总时差。如果工作的进度偏差大于工作的总时差，说明偏差必将影响后续工作和总工期。如果偏差小于或等于工作的总时差，说明偏差不会影响项目的总工期。但它是否对后续工作产生影响，还须进一步与自由时差进行比较来确定。

第三，判断进度偏差是否大于自由时差。如果工作的进度偏差大于工作的自由时差，说明偏差将对后续工作产生影响，但偏差不会影响项目的总工期；如果偏差小于或等于工作的自由时差，说明偏差不会对后续工作产生影响，原进度计划可不做调整。

采用上述分析方法，进度控制人员可以根据工作的偏差对后续工作的不同影响采取相应的进度调整措施，以指导项目进度计划的实施。

（二）进度计划的调整方法

当进度控制人员发现问题后，应对实施进度进行调整。为了实现进度计划的控制目标，究竟采取何种调整方法，要在分析的基础上确定。从实现进度计划的控制目标来看，可行的调整方案有多种，需要择优选用。一般来说，进度计划调整的方法主要有以下两种。

1. 改变工作之间的逻辑关系

改变工作之间的逻辑关系主要是通过改变关键线路上工作之间的先后顺序、逻辑关系来实现缩短工期的目的。例如，若原进度计划比较保守，各项工作依次实施，即某项工作结束后，另一项工作才开始。通过改变工作之间的逻辑关系，变顺序关系为平行搭接关系，便可达到缩短工期的目的。这样进行调整，由于增加了工作之间的平行搭接时间，进度控制工作就显得更加重要，实施中必须做好协调工作。

2. 改变工作延续时间

改变工作延续时间主要是对关键线路上的工作进行调整，工作之间的逻辑关系并不发生变化。例如，某一项目的进度拖延后，为了加快进度，可压缩关键线路上工作的持续时间，增加相应的资源来达到加快进度的目的。

三、解决进度拖延问题的措施

(一) 基本策略

对已产生的进度拖延可以采取如下基本策略。

第一，采取积极的措施赶工，以弥补或部分弥补已经产生的拖延。主要通过调整后期计划，采取措施赶工、修改网络计划等方法解决进度拖延问题。

第二，不采取特别的措施，在目前进度状态的基础上，仍按照原计划安排后期工作。但在通常情况下，拖延的影响会越来越大。这是一种消极的办法，最终结果必然会损害工期目标和经济效益。

(二) 可以采取的赶工措施

与在计划阶段压缩工期一样，解决进度拖延问题有许多方法，但每种方法都有它的适用条件、限制，也必然会带来一些负面影响。在人们以往的讨论以及实际工作中，都将重点集中在时间问题上，这是不对的。许多措施实施后常常没有效果，或引起其他更严重的问题，最典型的是增加成本开支、造成现场混乱和引起质量问题。因此，应该将它作为一个新的计划过程来处理。

在实际工程中经常采取如下赶工措施。

1. 增加资源投入

例如，增加劳动力、材料、周转材料和设备的投入量，这是最常用的办法。它会带来如下问题：①费用增加，如增加人员的调遣费用、周转材料一次性费用、设备的进出场费用；②资源使用效率降低；③加剧资源供应困难的状况，如有些资源没有增加的可能性，会加剧项目之间或工序之间对资源激烈的竞争。

2. 重新分配资源

例如，将服务部门的人员调入生产部门，投入风险准备资源，采用加班或多班制工作。

3. 缩小工作范围

包括减少工作量或删去一些工作包（或分项工程），但这可能产生如下影响：①损害工程的完整性、经济性、安全性、运行效率，或提高项目运行费用；②必须经过上层管理者（如投资者、业主）的批准，此过程有时反而会占用更多的时间。

4. 提高劳动生产率

主要通过采用辅助措施和合理的工作过程来提高劳动生产率，这里要注意以下几个问题：①加强培训，通常培训应尽可能地提前；②注意工人级别与工人技能的协调；③完善工作中的激励机制，如奖金、小组精神发扬、个人负责制等；④改善工作环境及项目的公用设施；⑤项目小组在时间上和空间上合理组合和搭接；⑥避免项目组织中的矛盾，多沟通。

5. 将部分任务转移

例如，分包、委托给另外的单位，将原计划由自己生产的结构构件改为外购等。当然，这不仅有风险，会产生新的费用，也会增加控制和协调工作。

6. 改变网络计划中工程活动的逻辑关系

例如，将前后顺序工作改为平行工作，或采用流水施工的方法。这又可能产生以下问题：①工程活动逻辑上的矛盾性；②产生资源的限制，平行施工要增加资源的投入强度，尽管投入总量不变；③工作面限制及由此产生的现场混乱和低效率问题。

7. 修改实施方案

例如，将现浇混凝土改为场外预制、现场安装，这样可以提高施工速度。又如在某国际工程中，原施工方案为现浇混凝土，工期较长，进一步调查发现该国技术工缺乏，劳动力的素质和可培训性较差，无法保证原工期，后来采用预制装配施工方案，大大缩短了工期。当然，这一方面需要有可用的资源，另一方面又需要考虑成本超支问题。

（三）应注意的问题

在选择措施时，要考虑到以下四点。

一是赶工措施应符合项目的总目标与总战略。

二是措施应是有效的、可以实现的。

三是花费比较省。

四是对项目的实施及承包商、供应商的影响较小。

在制订后续工作计划时，这些措施应与项目的其他过程协调。

在实际工作中，人们常常采用许多事先认为有效的措施，但实际效力却很小，达不到预期的缩短工期的效果，主要原因有以下三种。

一是这些计划是非正常计划期状态下的计划，常常是不周全的。

二是缺少协调，没有将加速的要求和措施、新的计划及可能引起的问题通知相关各方，如其他分包商、供应商、运输单位、设计单位。

三是对以前造成拖延问题的影响认识不清。例如，受外界影响造成的拖延不是一直不变的；相反，这些影响是会延续的，会继续扩大，即使马上采取措施，在一段时间内，拖延仍会持续。

第三节　水利工程施工合同管理

一、合同分析

合同分析是将合同目标和合同条款规定落实到合同实施的具体问题和具体事件上，用以指导具体工作，使合同能顺利地履行，最终实现合同目标。合同分析应作为工程施工合同管理的起点。

（一）合同分析的必要性

第一，一个工程中，往往有几份、十几份甚至几十份合同，合同之间关系复杂。

第二，合同文件和工程活动的具体要求（如工期、质量、费用等），合同各方的责任关系，事件和活动之间的逻辑关系都极为复杂。

第三，许多参与工程的人员所涉及的活动不是合同文件的全部内容，而仅为合同的部分内容，因此，合同管理人员应对合同进行全面分析，再向各职能人员进行合同交底，以提高工作效率。

第四，合同条款的语言有时不够明了，只有在合同实施前进行合同分析，才便于日常合同管理工作。

第五，合同中存在问题和风险，包括合同审查时已发现的风险和可能隐藏的风险，在合同实施前有必要对合同做进一步的全面分析。

第六，合同实施过程中，双方会产生许多争执，为顺利解决这些争执也必须做合同分析。

（二）合同分析的内容

1. 合同的法律基础

分析合同签订和实施所依据的法律、法规，通过分析，承包人了解适用于合同的法律的基本情况（范围、特点等），用以指导整个合同的实施和索赔工作。对合同中明示的法律要重点分析。

2. 合同类型

不同类型的合同，其性质、特点、履行方式不一样，双方的责权利关系和风险分担不一样，这直接影响合同双方的责任和权利的划分，影响工程施工中的合同管理和索赔。

3. 承包人的主要任务

承包人的总任务，即合同标的。主要分析承包人在设计、采购、生产、试验、运输、土建、安装、验收、试生产、缺陷责任期维修等方面的主要责任，对施工现场的管理责任，以及给发包人的管理人员提供生活和工作条件的责任等。

工作范围。它通常由合同中的工程量清单、图纸、工程说明、技术规范定义。工程范围的界限应很清楚，否则会影响工程变更和索赔，特别是固定总价合同。

工程变更的规定。重点分析工程变更程序和工程变更的补偿范围。

4. 发包人的责任

主要分析发包人的权利和合作责任。发包人的权利是承包人的合作责任，是承包人容易产生违约行为的地方。发包人的合作责任是承包人顺利完成合同规定任务的前提，同时又是承包人进行索赔的理由。

5. 合同价格

应重点分析合同采用的计价方法、计价依据、价格调整方法、合同价格所包括的范围及工程款结算方法和程序。

6. 施工工期

在实际工程中，工期拖延极为常见和频繁，而且对合同实施和索赔的影响很大，要特别重视。

7. 违约责任

如果合同的一方未遵守合同规定，给对方造成损失，应受到相应的合同处罚，合同中应有如下条款。

①承包人不能按合同规定的工期完工的违约金或承担发包人损失的条款。

②由于管理上的疏忽造成对方人员和财产损失的赔偿条款。

③由于预谋和故意行为造成对方损失的处罚和赔偿条款。

④由于承包人不履行或不能正确履行合同责任，或出现严重违约时的处理规定。

⑤由于发包人不履行或不能正确履行合同责任，或出现严重违约时的处理规定，特别是对发包人不及时支付工程款的处理规定。

8. 验收、移交和保修

①验收

验收包括许多内容，如材料和机械设备的进场验收、隐蔽工程验收、单项工程验收、全部工程竣工验收等。

在合同分析中，应对重要的验收要求、时间、程序以及验收所带来的法律后果做分析。

②移交

竣工验收合格即办理移交。应详细分析工程移交的程序，对工程尚存的缺陷、不足之处以及应由承包人完成的剩余工作，发包人可保留其权利，并指令承包人限期完成，承包人应在移交证书上注明的日期内尽快地完成这些剩余工程或工作。

③保修

分析保修期限和保修责任的划分。

9. 索赔程序和争执的解决

重点分析索赔的程序、争执的解决方式和程序及仲裁条款，包括仲裁所依据的法律、仲裁地点、方式和程序，仲裁结果的约束力等。

二、合同交底

合同交底是以合同分析为基础、以合同内容为核心的交底工作，涉及合同的全部内容，特别是关系到合同能否顺利实施的核心条款。合同交底的目的是将合同目标和责任具体落实到各级人员的工程活动中，并指导管理及技术人员以合同为行为准则。合同交底一般包括以下内容。

1. 工程概况及合同工作范围。

2. 合同关系及合同各方的权利、义务与责任。

3. 合同工期控制总目标及阶段控制目标，目标控制的网络计划图及关键线路说明。

4. 合同质量控制目标及合同规定执行的规范、标准和验收程序。

5. 合同对本工程的材料、设备采购及验收的规定。

6. 投资及成本控制目标，特别是合同价款的支付及调整的条件、方式和程序。

7. 合同双方争议问题的处理方式、程序和要求。

8. 合同双方的违约责任。

9. 索赔的机会和处理策略。

10. 合同风险的内容及防范措施。

11. 合同进展文档管理的要求。

三、合同实施控制

(一) 合同实施控制的作用

第一，进行合同跟踪，分析合同实施情况，找出偏离，以便及时采取措施，调整合同实施过程，达到合同总目标。

第二，在整个工程实施过程中，能使项目管理人员一直清楚地了解合同实施情况，对合同实施现状、趋向和结果有一个清醒的认识。

(二) 合同实施控制的依据

第一，合同和合同分析结果，如各种计划、方案、洽商变更文件等，是比较的基础，是合同实施的目标和依据。

第二，各种实际的工程文件，如原始记录，各种工程报表、报告、验收结果、计量结果等。

第三，工程管理人员每天对现场的书面记录。

(三) 合同实施控制措施

1. 合同问题处理措施

分析合同执行差异的原因及差异责任，进行问题处理。

2. 工程问题处理措施

工程问题处理措施包括技术措施、组织和管理措施、经济措施和合同措施。

四、工程合同档案管理

合同的档案管理是对合同资料的收集、整理、归档和使用。合同资料的种类如下。

一般合同资料，如各种合同文本、招标文件、投标文件、图纸、技术规范等。

合同分析资料，如合同总体分析、网络计划图、横道图等。

工程实施中产生的各种资料，如发包人的各种工作指令、签证、信函、会议纪要和其他协议，各种变更指令、申请、变更记录，各种检查验收报告、鉴定报告。

工程实施中的各种记录、施工日志等，政府部门的各种文件、批件，反映工程实施情况的各种报表、报告、图片等。

第四节　水利工程施工安全管理

一、施工安全管理的目的和任务

施工安全管理的目的是最大限度地保护生产者的人身安全，控制工作环境内所有影响员工（包括临时工作人员、合同方人员、访问者和其他有关人员）安全的条件和因素，避免因使用不当对使用者造成安全危害，防止安全事故的发生。

施工安全管理是建筑生产企业为达到建筑施工过程中安全的目的，所进行的组织、控制和协调活动，其主要任务为制定、实施、实现、评审和保持安全方针所需的组织机构、策划活动、管理职责、实施程序、资源等。施工企业应根据自身实际情况制定方针，并通过实施、实现、评审、保持、改进来建立组织机构、策划活动、明确职责、遵守安全法律法规、编制程序控制文件、实施过程控制，提供人员、设备、资金、信息等资源，对安全与环境管理体系按国家标准进行评审，按计划、实施、检查、总结的循环过程进行提高。

二、施工安全管理的特点

（一）复杂性

水利工程施工具有项目的固定性、生产的流动性、外部环境影响的不确定性，这决定了施工安全管理的复杂性。

生产的流动性主要指生产要素的流动性，它表现为生产过程中人员、工具和设备的流动，主要涉及以下四个方面：同一工地不同工序之间的流动；同一工序不同工程部位之间的流动；同一工程部位不同时间段之间的流动；施工企业向新建项目迁移的流动。

外部环境对施工安全影响较大，主要表现在以下五个方面：露天作业多；气候变化大；地质条件变化；地形条件影响；不同地域人员交流障碍影响。

以上生产因素和环境因素的影响使施工安全管理变得复杂，考虑不周会出现安全问题。

（二）多样性

受客观因素影响，水利工程项目具有多样性的特点，但建筑产品具有单件性的特点，因此，每一个施工项目都要根据特定条件和要求进行施工生产。安全管理的多样性特点，主要表现在以下四个方面。

一是不能按相同的图纸、工艺和设备进行批量重复生产。

二是因项目需要设置组织机构，项目结束后组织机构便会解散，生产经营的一次性特征突出。

三是新技术、新工艺、新设备、新材料的应用给安全管理带来新的难题。

四是人员变动频繁、不同人员的安全意识和经验不同会带来安全隐患。

（三）协调性

施工过程的连续性和分工的专业性决定了施工安全管理的协调性。水利工程施工项目不像其他工业产品那样可以分成若干部分或零部件同时生产而必须在同一个固定的场地按严格的程序连续生产，上一道工序完成才能进行下一道工序，上一道工序生产的结果往往被下一道工序所掩盖，而每一道工序都是由不同的部门和人员来完成的，这样就要求在安全管理中，不同部门和人员做好横向配合和协调，共同协调各施工生产过程接口部分的安全管理，确保整个生产过程的安全。

（四）强制性

工程项目建设前，已经通过招标投标程序确定了施工单位。由于目前建筑市场供大于求，施工单位大多以较低的标价中标，实施中安全管理费用投入严重不足，不符合安全管理规定的现象时有发生，因此，要求建设单位和施工单位重视安全管理经费的投入，达到安全管理的要求，政府也要加大对安全生产的监管力度。

三、施工安全控制

（一）安全生产与安全控制的概念

1. 安全生产的概念

安全生产是指施工企业在生产过程中避免发生人身伤害、设备损害及其不可接受的损害风险。

不可接受的损害风险通常是指超出了法律、法规和规章的要求，超出了方针、目标和企业规定的其他要求，超出了人们普遍接受的要求（通常是隐含的要求）。

安全与否是一个相对的概念，应根据风险接受程度来判断。

2. 安全控制的概念

安全控制是指企业对安全生产过程中涉及的计划、组织、监控、调节和改进等一系列致力于实现施工安全的措施所进行的管理活动。

（二）安全控制的方针与目标

1. 安全控制的方针

安全控制的目的是安全生产，因此，安全控制的方针是"安全第一，预防为主"。

安全第一是指把人身的安全放在第一位，安全为了生产，生产必须保证人身安全，充分体现以人为本的理念。预防为主是实现安全第一的手段，采取正确的措施和方法进行安全控制，从而减少甚至消除事故隐患，尽量把事故消除在萌芽状态，这是安全控制最重要的思想。

2. 安全控制的目标

安全控制的目标是减少和消除生产过程中的事故，保证人员健康安全，避免财产损失。

安全控制的目标具体如下：减少和消除人的不安全行为；减少和消除设备、材料的不安全状态；改善生产环境和保护自然环境；安全管理。

（三）安全控制的特点

1. 安全控制面大

水利工程规模大、生产工序多、工艺复杂、流动施工作业多、野外作业多、高空作业多、作业位置多、施工中不确定因素多，因此施工中安全控制涉及控制面大。

2. 安全控制动态性强

水利工程建设项目的单件性使得每个工程所处的条件不同，危险因素和措施也会有所不同。员工进驻一个新的工地，面对新的环境，需要大量时间去熟悉情况和调整工作制度及安全措施。

工程项目施工的分散性使现场施工分散于场地的不同位置和建筑物的不同部位，相关人员面对新的具体的生产环境，除熟悉各种安全规章制度和技术措施外，还须做出自己的研判和处理。有经验的人员也必须适应不断变化的新问题、新情况。

3. 安全控制体系的交叉性

工程项目施工是一个系统工程，受自然环境和社会环境影响大，施工安全控制与工程系统、质量管理体系、环境和社会系统联系密切，交叉影响，建立和运行安全控制体系要综合考量各方面因素。

4. 安全控制的严谨性

安全事故的出现是随机的，偶然中也存在必然性，一旦失控，就会造成伤害和损失。因此，安全控制必须严谨。

（四）安全控制的程序

1. 确定项目的安全目标

按目标管理的方法将安全目标在以项目经理为首的项目管理系统内进行分解，从而确定每个岗位的安全目标，实现全员安全控制。

2. 编制项目安全技术措施计划

对生产过程中的不安全因素，应采取技术手段加以控制和消除，并将此编成书面文件，作为工程项目安全控制的指导性文件，落实预防为主的方针。

3. 落实项目安全技术措施计划

安全技术措施包括安全生产责任制、安全生产设施、安全教育和培训、安全信息的沟通和交流，应通过安全控制使生产作业的安全状况处于可控制状态。

4. 验证安全技术措施计划

安全技术措施计划的验证包括安全检查、不符合因素纠正、安全记录检查、安全技术措施修改与再验证。

5. 持续改进安全生产控制措施

持续改进安全生产控制措施，直到工程项目完工。

（五）安全控制的基本要求

第一，必须取得安全行政主管部门颁发的"安全施工许可证"后方可施工。

第二，总承包企业和每一个分包单位都应持有"施工企业安全资格审查认可证"。

第三，各类人员必须具备相应的执业资格才能上岗。

第四，新员工必须经过安全教育和必要的培训。

第五，特种工种作业人员必须持有特种工种作业上岗证，并严格按期复查。

第六，对查出的安全隐患要做到五个落实：落实责任人、落实整改措施、落实整改时间、落实整改完成人、落实整改验收人。

第七，必须控制好安全生产的六个节点：技术措施、技术交底、安全教育、安全防护、安全检查、安全改进。

第八，现场的安全警示设施齐全，所有现场人员必须戴安全帽，高空作业人员必须系安全带等，并符合国家和地方有关安全的规定。

第九，现场施工机械尤其是起重机械，经安全检查合格后方可使用。

四、施工安全生产组织机构建立

人人都知道安全的重要性，但是安全事故却又频频发生。为了保证施工过程中不发生安全事故，必须建立安全生产组织机构，健全安全生产规章制度，统一施工生产项目的安全管理目标、安全措施、检查制度、考核办法、安全教育措施等。具体工作如下。

第一，成立以项目经理为首的安全生产施工领导小组，具体负责施工期间的安全工作。

第二，项目副经理、技术负责人、各科负责人和生产工段的负责人为安全小组成员，共同负责安全工作。

第三，设立专职安全员（须有国家安全员执业资格证书或经培训持证上岗），专门负责施工过程中的安全工作，只要施工现场有施工作业人员，安全员就要上岗值班，在每个工序开工前，安全员要检查工程环境和设施情况，认定安全后方可进行工序施工。

第四，各技术及其他管理科室和施工段要设兼职安全员，负责本部门的安全生产预防和检查工作，各作业班组组长要兼任本班组的安全检查员，具体负责本班组的安全检查工作。

第五，工程项目部应定期召开安全生产工作会议，总结前期工作，找出问题，布置落实安全工作，利用施工空闲时间进行安全生产工作培训。在培训工作和其他安全工作会议上，讲解安全工作的重要意义，带领员工学习安全知识，增强员工的安全警觉意识，把安全工作落实到预防阶段。根据工程的具体特点，把不安全的因素和相应措施总结成文，并装订成册，让全体员工学习和掌握。

第六，严格按国家有关安全生产规定，在施工现场设置安全警示标志，在不安全因素的部位设立警示牌，严格检查进场人员佩戴安全帽、高空作业系安全带情况，严格遵守持证上岗制度，风雨天禁止高空作业，遵守施工设备专人使用制度，严禁在场内乱拉用电线路，严禁非电工人员从事电工作业。

第七，将安全生产工作和现场管理结合起来，同时进行，防止因管理不善产生安全隐患，工地防风、防雨、防火、防盗、防疾病等预防措施要健全，都要有专人负责，以确保各项措施及时落实到位。

第八，完善安全生产考核制度，实行安全问题一票否决制和安全生产互相监督制，提高自检、自查意识，开展科室、班组经验交流和安全教育活动。

第九，对构件和设备吊装、爆破、高空作业、拆除、上下交叉作业、夜间作业、疲劳作业、带电作业、汛期施工、地下施工、脚手架搭设拆除等重要安全环节，必须在开工前进行技术交底，安全交底、联合检查后，确认安全，方可开工。在施工过程中，加强安全员的旁站检查，加强专职指挥协调工作。

五、施工安全技术措施计划与实施

（一）工程施工措施计划

1. 施工措施计划的主要内容

施工措施计划的主要内容包括工程概况、控制目标、控制程序、组织机构、职责权限、规章制度、资源配置、安全措施、检查评价、激励机制等。

2. 特殊情况应考虑安全计划措施

对高处作业、井下作业等专业性强的作业，电器、压力容器等特殊工种作业，应制定单项安全技术规程，并对管理人员和操作人员的安全作业资格及身体状况进行合格性检查。

对结构复杂、施工难度大、专业性较强的工程项目，除制订总体安全保证计划外，还须制定单位工程和分部（分项）工程安全技术措施。

3. 制定和完善施工安全操作规程

制定和完善施工安全操作规程，编制各施工工种，特别是危险性大的工种的施工安全操作要求，作为施工安全生产规范和考核的依据。

4. 施工安全技术措施

施工安全技术措施包括安全防护设施和安全预防措施，主要有防火、防毒、防爆、防洪、防尘、防雷击、防触电、防坍塌、防物体打击、防机械伤害、防起重机械滑落、防高空坠落、防交通事故、防寒、防暑、防疫、防环境污染等方面的措施。

（二）施工安全措施计划的落实

1. 安全生产责任制

安全生产责任制是指企业规定的项目经理部各部门、各类人员在各自职责范围内对安全生产应负责任的制度。建立安全生产责任制是落实施工安全技术措施的重要保证。

2. 安全教育

要树立全员安全意识，安全教育的要求如下。

第一，广泛开展安全生产的宣传教育，使全体员工真正认识到安全生产的重要性和必要性，掌握安全生产的基础知识，牢固树立安全第一的思想，自觉遵守安全生产的各项法规和规章制度。

第二，安全教育的主要内容有安全知识、安全技能、设备性能、操作规程、安全法规等。

第三，对安全教育要建立经常性的安全教育考核制度。考核结果要记入员工人事档案。

第四，对于一些特殊工种，如电工、电焊工、架子工、司炉工、爆破工、机操工、起重工、机械司机、机动车辆司机等，除一般安全教育外，还要进行专业技能培训，经考试合格后，取得资格才能上岗工作。

第五，工程施工中采用新技术、新工艺、新设备时，或人员调动到新工作岗位时，也要进行安全教育和培训，否则不能上岗。

3. 安全技术交底

安全技术交底的基本要求如下。

第一，实行逐级安全技术交底制度，从上到下，直到全体作业人员都了解相关安全技术措施。

第二，安全技术交底工作必须具体、明确、有针对性。

第三，安全技术交底的内容要针对分部（分项）工程施工中作业人员面临的潜在危害。

第四，应优先采用新的安全技术措施。

第五，应将施工方法、施工程序、安全技术措施等优先向工段长、班级组长进行详细交底，定期向多工种交叉施工或多个作业队同时施工的作业队进行书面交底，并应保留书面交底的书面签字记录。

安全技术交底的主要内容如下：工程项目施工作业特点和危险点；针对各危险点的具体措施；应注意的安全事项；对应的安全操作规程和标准；发生事故应及时采取的应急措施。

六、施工安全检查

施工安全检查的目的是消除安全隐患，防止安全事故发生，改善劳动条件及提高员工的安全生产意识，是施工安全控制工作的一项重要内容。通过安全检查可以发现工程中的危险因素，以便有计划地采取相应措施，保证安全生产的顺利进行。项目的施工生产安全检查应由项目经理组织。

（一）施工安全检查的类型

施工安全检查的类型分为日常性检查、专业性检查、季节性检查、节假日前后检查和不定期检查等。

1. 日常性检查

日常性检查是经常的、普遍的检查，一般每年进行1~4次。项目部、科室每月至少进行一次，施工班组每周、每班次都应进行检查，专职安全技术人员的日常检查应有计划、有部位、有记录、有总结地周期性进行。

2. 专业性检查

专业性检查是指针对特种作业、特种设备、特殊场地进行的检查，如电焊、气焊、起重设备、运输车辆、压力容器、易燃易爆场所等，由专业检查员进行检查。

3. 季节性检查

季节性检查是根据季节性的特点，为保障安全生产所进行的检查，如春季空气干燥、风大，重点检查防火、防爆措施；夏季多雨、雷电、高温，重点检查防暑、降温、防汛、防雷击、防触电措施；冬季检查防寒、防冻等措施。

4. 节假日前后检查

节假日前后检查是针对节假日期间容易产生麻痹思想的特点而进行的安全检查，包括假前的综合检查和假后的遵章守纪检查等。

5. 不定期检查

不定期检查是指在工程开工前、停工前、施工中、竣工时、试运转时进行的安全检查。

（二）安全检查的注意事项

第一，安全检查要深入基层，紧紧依靠员工，坚持领导与群众相结合的原则，组织好检查工作。

第二，建立检查的组织领导机构，配备适当的检查力量，选聘具有较高技术业务水平的专业人员。

第三，做好检查前的各项准备工作，包括思想、业务知识、法规政策、检查设备和奖励等方面的准备工作。

第四，明确检查的目的、要求，既严格要求，又防止一刀切，从实际出发，分清主次，力求实效。

第五，把自查与互查相结合，基层以自查为主，管理部门之间相互检查，互相学习，取长补短，交流经验。

第六，检查与整改相结合，检查是手段，整改是目的，发现问题及时采取切实可行的防范措施。

第七，结合安全检查的实施，逐步建立健全检查档案，收集基本数据，掌握基本安全状态，为及时消除隐患提供数据，同时也为以后的安全检查打下基础。

第八，制定安全检查表时，应根据用途和目的具体确定安全检查表的种类。安全检查表的种类主要有设计用安全检查表、厂级安全检查表、车间安全检查表、班组安全检查表、岗位安全检查表、专业安全检查表。制定安全检查表要在安全技术部门指导下，充分依靠员工来进行，初步制定安全检查表后，应经过讨论、试用和修订，再最终确定。

（三）安全检查的主要内容

安全检查的主要内容为"五查"。

查思想，主要检查员工对安全生产工作的认识。

查管理，主要检查安全管理是否有效，如安全生产责任制、安全技术措施计划、安全组织机构、安全保证措施、安全技术交底、安全教育、持证上岗、安全设施、安全标识、操作规程、违规行为、安全记录等。

查隐患，主要检查作业现场是否符合安全生产的要求，是否存在不安全因素。

查事故，查明安全事故的原因、明确责任、对责任人做出处理，明确落实整改措施等。另外，检查对伤亡事故是否及时报告、认真调查、严肃处理。

查整改，主要检查对过去提出的问题的整改情况。

（四）安全检查的主要规定

1. 定期对安全控制计划的执行情况进行检查、记录、评价、考核，对作业中存在的安全隐患签发安全整改通知单，要求相应部门落实整改措施并进行检查。

2. 根据工程施工过程的特点和安全目标的要求确定安全检查的内容。

3. 安全检查应配备必要的设备，确定检查组成员，明确检查方法和要求。

4. 检查采取随机抽样、现场观察、实地检测等方法，记录检查结果，纠正违章指挥和违章作业。

5. 对检查结果进行分析，找出安全隐患，评价安全状态。

6. 编写安全检查报告并上交。

（五）安全事故处理的原则

安全事故处理要坚持以下四不放过原则：事故原因不清楚不放过；事故责任者和员工未受教育不放过；事故责任者未受处理不放过；没有制定防范措施不放过。

七、安全事故处理程序

第一，报告安全事故。

第二，处理安全事故。处理安全事故包括抢救伤员、排除险情、防止事故扩大，做好标识，保护现场。

第三，进行安全事故调查。

第四，对事故责任者进行处理。

第五，编写调查报告并上报。

第四章 水利工程管理现代化之信息化建设

第一节 水利工程管理信息化的需求分析

一、水利工程信息需求特性

水利工程管理信息化是在数字水利战略模式下的数字水利工程的表征,它是水利工程内部与其所处的社会、经济、自然和环境系统之间能够有效获取,无差错传递,自动处理和智能识别相关信息的动态、适时虚拟模拟现实与直接参与管理相结合的综合信息系统。它是以卫星通信技术、3S 技术、数据库技术、宽带传输技术、网络技术、跨平台操作系统等高技术为支撑的,以信息经济学、工程经济学、信息工程学、水资源管理、社会水利等多学科为基础的综合系统。从以上对水利工程信息化建设管理业务内容来看,这种信息具有以下特性:信息需求的多样性、多层次性和交错性。

所谓信息需求是指外部环境对一个信息系统输出的要求,即满足信息系统服务对象需求的要求。水利工程信息化必须满足社会、环境以及水利工程自身建设对适时、综合的多元信息需求,为国家宏观决策或微观水利工程项目管理提供科学依据,这也是水利工程信息化建设的基本目标。由于水利工程处于开放环境,是一个复杂系统工程,其服务对象是多元、多维、多层次的,因此,它们对水利工程信息系统的信息需求也是多方面的,它涉及人口、社会、环境、资源、科技、政策等多方面的内容,这些信息需求呈现出多样性、多层次性和交错性等复杂特性。从这一点看,水利工程信息系统与一般管理信息系统有很大不同。其信息需求可分为以下类型:资源信息需求、环境信息需求、技术信息需求、社会信息需求、经济信息需求、管理信息需求等。显然,如此多种多样的信息需求既是水利工程信息化建设的基本目标,也对水利工程信息化提出了全新的技术要求。

二、水利工程信息化标准建设需求

水利工程信息化标准是制定、贯彻和实施水利工程信息化的过程,在水利工程信息化建设过程中,如何保证信息化基础设施建设的优质高效、信息网络的无缝连接和各信息系统间的互联互通和互操作，如何有效地开发和利用信息资源、实现水利资源信息的共享，并且保证信息的安全与可靠等，是水利工程信息化建设必须面对的关键问题，标准化是解决上述问题、提高水利工程管理工作效率和水平的基本手段。因此，认真规划、制定、贯彻和实施水利工程信息化的各项标准是水利信息化的前提。水利工程信息化建设进行标准研究的主要优点如下。

（一）可移植性

为了获得在硬件、软件和系统上的综合投资效益，建成的各类水利工程系统必须是可移植的，使所开发的应用模块和数据库能够在各种计算机平台上移植。

（二）互操作性

大型的信息系统，往往是一个由多种计算机平台组成的复杂网络系统，有了标准，可以促进用户从网络的不同节点上获取数据，即从不同硬件环境中提取数据和实现各种应用。

（三）可伸缩性

为了适应不同的项目和应用阶段，使建成的各类系统必须以相同的用户界面在不同大小级别的计算机上运行。

（四）通用环境

标准提供一个通用的系统应用环境，如提供通用的用户界面和查询方法等，利用这个通用环境，用户可以减少在学习上的弯路和提高生产效率。

三、水利工程数据采集信息化需求

（一）数据采集信息化的意义

随着"数字水利"建设的深入，水利工程管理日趋向电子化、数字化方向发展的同时，3S 技术在水利应用上也日益广泛，其对水利资源监测结果以大批量的数据形式存放，监测数据汇总积累将是海量数据。水利信息日新月异，对水利资源的变化进行动态监测和对有关资料信息进行及时更新已势在必行。所以，我们在水利工程信息化建设过程中，要充分考虑数据采集技术的重要作用，采用高新的技术手段，如运用先进的遥感技术、全球定位技术等使水利工程管理信息系统的数据来源多样化，及时准确地实现水利资源的动态管理。因此，在水利工程管理中，进行信息化研究的一个重要问题是如何实时、准确地为各种信息平台提供各种管理信息数据。当然，数据采集信息化并不等于自动化，水利工程中还有很多无法通过机械化工具实现信息化，比如工程建设中的社会经济信息数据，水利资源数据采集过程中仍然需要人工的辅助等。因此，这里所说的采集信息化是相对而言的，只是借助信息技术手段尽可能减少人工劳动。

（二）数据采集信息化的研究内容

1. 遥感（RS）动态监测

遥感（RS）动态监测数据是进行水利资源数据更新的有效数据源，因此，需要进行全方位多时段的实时数据采集，开展土地遥感自动解译的研究，能提高数据更新度，为经济发展需要服务。

2. GPS 定位技术

GPS 可以为用户提供三维的定位，它能独立、迅速和精确地确定地面、点位置，GPS可为水利资源监测提供大量的空间数据，因此需要研究 GPS 定位技术提高数据采集精度，为水利资源数据更新服务。

3. 数据矢量化

栅格形式的各种水利数据，不能有效地在 GIS 上进行空间分析，因此，须进行数据矢量化工作，使水利资源相关数据为 GIS 空间分析所用，从而进行专题数据服务。

四、社会经济环境服务信息化的主要内容

水利工程信息共享服务涉及多种资源数据结构和多个网络平台，数据资源包括水利资源信息、地理空间资源信息、建设管理信息，覆盖国家级、省级、地市级、县级各单位数据网络平台，要集中如此多方面信息内容，必须有一个统一的信息共享平台。实现各方面、各部门的信息资源统一接口，为水利信息的综合开发利用打下一个坚实的基础，信息共享平台的建立包括以下几方面内容。

（一）共享网络体系的建立

在利用现有网络系统结构的基础上，结合自然资源部门的网络系统实际现状，建立覆盖全国的共享网络体系，实现共享服务平台的流通渠道。共享网络体系包括一个国家级的数据中心结点和地方各级的分布式数据。通过共享网络体系的建设，能够满足共享数据的

收集、管理、开发、发布及各级用户浏览、查询、下载的流通需要。

(二) 数据整合机制

对不同来源的异质异构空间数据的整合是共享服务平台的主要任务之一，也是实现共享服务平台的一个技术难点。从国家的宏观战略角度考虑，很多部门更需要针对某一专题的综合型数据，这就涉及数据整合的问题，通过对基于某要素的信息提取、融合，支持大数据量、多数据集的空间查询、分析、满足决策支持模型的应用。

(三) 基于水利信息化的延伸需求

水利工程建设作为水利建设的主体，应用先进技术，开展水利资源信息交换服务体系建设，形成了水利资源信息交换体系。构建水利工程的信息开发利用的框架模型，研究水利资源信息处理与管理、整合与集成、可视化与虚现实、智能决策、交换与共享等关键性技术，形成水利资源信息资源增值服务技术支撑体系，加强水利资源信息开发与利用标准的研制、贯彻与应用，开展水利信息分类与编码、数据库、元数据、信息交换、数据采集、数据建库等相应的标准和规范的制定，形成信息资源开发应用标准体系，加快水利信息管理、共享政策与制度的制定，建立水利信息化管理与建设体系。

第二节 水利工程管理信息化建设的理论体系

一、水利工程管理信息化基础理论

(一) 水利工程信息化理论

信息是客观存在的一切事物通过物质载体所发出的消息、情报、指令、数据、信号中所包含的一切可传递和交换的知识内容，是人和外界互相作用的过程中互相交换的内容的名称。当生产水平发展到一定阶段时，信息要素的作用就会日益突出，成为重要的生产核心资源。信息学是以信息论为基础，并与电力学、计算机和自动化技术、生物学、数学、物理学等科学相联系而发展起来的，它的任务是研究信息的性质，研究机器、生物和人类对于各种信息的获取、变换、传输、处理、利用和控制的一般规律，提高人类认识世界和改造世界的能力。

信息学理论在人类信息活动的实践中产生、发展，又反过来应用于人类信息活动实践。其信息检索、信息计量、信息咨询等基本理论，以及信息产生、信息排序、信息传递、信息增值等基本原理，对于一切信息管理都有着普遍的指导意义。信息学理论是构建水利工程信息化理论体系的基石。

在水利工程管理信息化建设中，信息资源开发利用、信息流通、信息存储、信息查询、信息服务经营、信息产业等，体现着信息学相应理论在信息活动中的作用和应用。深入理解信息学基本原理，并借此吸收并消化信息学理论，不仅会不断丰富水利工程管理信息化建设理论体系，而且便于利用信息学的认识手段强化水利工程信息化建设。

（二）水利工程信息系统理论

系统科学作为科学技术综合发展的产物，是将整体作为研究对象，研究系统内部诸要素之间及系统外部环境之间的联系和表现的科学。水利工程管理信息化工作的管理对象处于不同层次的系统之中，系统内部结构、法则、功能与行为之间存在内在联系，系统之间也存在相互联系和相互作用。

水利工程作为一个多层次、多要素、复杂开放的系统，其整体性、结构性、层次性、功能性、相关性、有序性、稳定性、动态性和开放性等特征的描述，系统整体与局部、局部与局部相互依赖、相互结合、相互制约的关系的认识，系统发展和运动规律的揭示，都需要运用系统论的整体性和层次性、结构性和功能性、运动性和静止性、作用和反作用、系统和环境、现状和目标等原理及方法，从宏观和整体上对水利工程信息化工作进行考察，把各要素和子系统的功能有机地综合，使它们相互协调，减少内部抑制，使其相互增益，以实现水利工程管理的整体功能的最优化，这也正符合可持续发展理论所要求的综合效益最大的目标。因此，以信息系统论为指导，把水利工程管理看作是一个信息流动的系统，通过对系统中的信息流程的分析和处理，建立水利工程管理信息化的整体方案并应用于实践，将会使水利信息化工作与社会大系统环境更相适应并协调发展。一个完整、有序、健康的水利工程信息主体取决于其系统内部和外部诸多要素的稳定关系及这些要素关系的相互作用、相互影响和相互制约。系统应在保障水利工程信息主体信息流平稳运行的基础上，其功能和结构上表现出很强的能共享、可反馈、抗干扰、可扩展能力。因此，水利工程信息系统理论是分析水利工程管理信息化建设中内部功能结构、内部与外部环境交互功能的基础理论。

二、水利工程管理信息化主体理论

（一）网络技术

网络技术是从 20 世纪 90 年代中期发展起来的新技术，它把互联网上分散的资源融为有机整体，实现资源的全面共享和有机协作，使人们能够透明地使用资源的整体能力并按需获取信息资源，包括高性能计算机、存储资源、数据资源、信息资源、知识资源、专家资源、大型数据库、网络、传感器等。

当前的互联网只限于信息共享，网络则被认为是互联网发展的第三阶段，网络可以构造地区性的网络、企事业内部网络、局域网网络，甚至家庭网络和个人网络。网络的根本特征并不一定是它的规模，而是资源共享，消除资源孤岛。网络技术具有很大的应用潜力，能同时调动数百万台计算机完成某一个计算任务，能汇集数千科学家之力共同完成同一项科学试验，还可以让分布在各地的人们在虚拟环境中实现面对面交流。

计算机网络技术的广泛运用，使得水利等诸多行业向高科技化、高智能化转变，涉及水利工程的各项管理工作（诸如水文测报、大坝监测、河道管理、水质化验、流量监测、闸门监控等方面）的计算机运用得到了快速、有效的发展，收集这些信息，加工处理成为可读、可用的信息，快速地传递到决策者的办公室就要利用网络技术，同样决策者的意图也要利用网络技术快速传递给执行者，因此，在水利工程管理单位建设网络系统，收集与该单位相关的管理信息，进行决策和反馈执行情况是非常必要的。

（二）数据库技术

数据库是数据的集合，用于描述一个或多个相关组织的活动，例如，一个大学的数据库可能包含如下信息。

一是，实体，如学生、教师、课程和教室。

二是，实体间的关系，如学生登记课程、教师教授课程以及用于授课的教室数据库技术研究如何存储、使用和管理数据，主要目的是有效地管理和存取大量的数据资源。新一代数据库技术的特点提出对象模型与多学科技术有机结合，如面向对象技术、分布处理技术、并行处理技术、人工智能技术、多媒体技术、模糊技术、移动通信技术和 GIS 技术等。

数据库管理系统（Database Management System，DBMS）是辅助用户管理和利用大数据集的软件，对它的需求和使用正快速增长。

（三）中间件技术

1. 中间件定义

中间件（Middleware）是处于操作系统和应用程序之间的软件，是一种独立的系统软件或服务程序，也有人认为它应该属于操作系统中的一部分，分布式应用软件借助这种软件在不同的技术之间共享资源。中间件位于客户机/服务器的操作系统之上，管理计算机资源和网络通信，是连接两个独立应用程序或独立系统的软件相连接的系统，即使它们具有不同的接口，但通过中间件相互之间仍能交换信息。

中间件技术是为适应复杂的分布式大规模软件集成而产生的支撑软件开发的技术，其发展迅速，应用愈来愈广，已成为构建分布式异构信息系统不可缺少的关键技术。执行中间件的一个关键途径是信息传递，通过中间件，应用程序可以工作于多平台。

将中间件技术与水利工程管理系统相结合，搭建中间件平台，合理、高效、充分地利用水利信息，充分吸收交叉学科的研究精华，是水利信息化应用领域的一个创新和跨越式的发展。针对水利行业特点，建立起一个面向水利信息化的中间件服务平台，该平台由数据集成中间件、应用开发框架平台、水利组件开发平台、水利信息门户等组成，将水雨情、水量、水质、气象社会信息等数据综合起来进行分析处理，会在水利工程管理中发挥重要作用。

2. 水利工程管理系统中间件

基于中间件的水利工程管理系统从功能上可以分为三大部分：数据库及数据库集成平台；管理业务应用平台（包括遗留应用的集成）；水利信息门户集成平台。该系统把传统的管理指挥系统通过中间件平台与服务器端的基础设施相联系，吸取了中间件技术的优点，为应用系统提供了一个相对稳定的环境。

3. 面向水库预报调度的中间件应用支撑平台

中间件屏蔽了底层操作系统的复杂性，可将不同时期、在不同操作系统上开发的应用软件集成起来，彼此协调工作。并且，可通过网络互联、数据集成、应用整合、流程衔接、用户互动等形式，面对一个简单而统一的开发环境，开发、部署、集成、运行、管理水库洪水调度系统。

三、水利工程管理信息化支撑理论

（一）水利工程信息可持续发展理论

水利工程建设作为生态建设的主体，是协调生态与社会、经济之间关系的纽带。而水利工程信息化建设实际上是对这种纽带关系的增强及在功能效率上的提升，具体表现是通过信息化建设加速了水利资源信息在生态、社会和经济大系统中的流转和交互，形成快速循环的反馈机制，使三者能够更快相互适应和更好协调发展。这里提出的水利工程信息可持续发展观点实际上是一种全新的水利信息化发展观，水利工程管理信息化是一个不断演化、动态发展的过程，要保证这种过程的可持续性，就需要以水利工程信息可持续发展观为指导思想，因为水利工程管理信息系统的可持续发展既能保证水利工程在信息化条件下的正常运作，同时也为水利工程管理信息在生态、社会和经济大系统中循环、反馈的持续性提供了保障，因此，应把水利工程管理信息可持续发展理论作为水利工程信息化建设的环境支撑理论。

在当今知识经济时代下，水利工程管理信息化建设所产生的信息资源不仅能通过合理开发和利用直接创造财富，同时也可将封闭的、僵化的水利管理引向开放的、活化的管理模式，因为信息技术在水利工程中的应用必然引起水利管理的变革。更为重要的是：水利工程管理的信息化，在提高自身管理有效性的同时，能够将有限的水利资源进行合理配置，减少资源的不合理消耗，协调生态、社会、经济的和谐发展。

（二）水利建设工程管理信息协调理论

1. 水利建设工程信息不对称性

信息具有不对称性。所谓不对称信息，是指在相互对应的客体间不做对称分布的有关某些事实的信息，信息优势和信息劣势的出现，意味着信息不对称性的存在。信息之所以具有价值，是因为由此而产生的信息差，信息差显示了信息收集与处理活动的意义。

信息不对称是社会生活、经济领域中存在的普遍现象。由于水利建设工程处于自然、生态、社会开放系统中，信息传播存在许多障碍，而水利建设工程信息化技术的复杂性和对设备的依赖性往往又导致水利建设工程系统内部对信息获取的不畅通，水利建设工程信息化就是要有效解决信息不对称问题。

从信息学角度看，信息传递行为由信息采集、信息传递和信息接收三要素构成。在这一过程中，存在正反两种不对称关系：一是在"信息采集—信息传递—信息接收"中，称为正向不对称，即信息采集与实际信息本身包含的信息量之间的不对称性；二是在"信息采集—信息传递—信息接收"反向不对称，即用户所需求的信息往往不能完全由信息传递、信息采集来掌握，也就是信息系统不能满足用户需求。因此，采集什么信息、采集多少信息、如何进行信息传递、为谁传递信息是水利建设工程信息化的核心问题。数据标准、技术架构、信息安全、功能模块、业务流程等水利建设工程信息化基础体系建设是提高信息资源质量，平衡信息不对称的首要保障。

2. 水利工程建设信息多维时空协调性

水利建设工程是典型的多维时空复杂系统。各种自然、环境、生态、技术、经济等可控和不可控因素对工程有着错综复杂的多维时空影响。信息的多维时空协调性是水利建设工程信息属性的最基本特征，多维时空协调理论是阐明复杂系统总体行为规律的理论。多维时空协调理论认为，任何一次生产实践，它的各种因素和目标构成一个实际的多维状态空间，每一个多维状态空间从其整体结构上说可能是相对不和谐、不协调的，所以不协调是相对于一个协调空间而言的。协调和不协调是相对而存在的，都是客观的存在。客观的存在是可以被认识、被找到的，通过诸多不协调多维空间的比较，应该能够映射出协调空间，又可以通过协调空间的存在说明多维空间不协调的原因。从不和谐协调的多维空间中抽取其客观规律，并可以通过优化的方法使其调整到合理、和谐、协调的状态。多维时空协调理论能够科学地解决水利建设生态工程系统的整体协调问题，尤其是影响水利建设工程的诸多环境因素、技术因素、政策因素、经济因素与水利资源管理之间错综复杂关系的整体协调问题。

信息协调理论要求水利建设工程信息化必须注重生存协调、信息化发展协调、信息化环境协调等诸多因素。当然，水利建设工程信息化发展与信息技术发展协调，与数字水利战略协调，与水利工程建设协调等也是水利建设工程信息化关注的核心。

第三节　水利工程管理信息化建设的技术模式

一、网络平台层

网络平台层是保证信息无障碍传输的硬件设施基础。其中：内联网（Intranet）是实现水利工程管理信息化内涵发展的信息传递通道，内联网和外联网（Extranet）是保证水利工程管理信息化外延发展的信息传递通道。

水利工程项目是一个全国性的特大工程建设。从行政管理角度看，它涉及国家、省市（自治区）、县、乡、村等各级行政组织；从地域角度看，横跨中国东南西北各个区域；从行业角度看，它与国民经济各行各业都有联系。因此，水利工程信息系统是一个开放的、边界模糊的柔性系统，这与一般的管理信息系统有很大区别。HEIS 既有与社会广泛的信息交流，也有与系统以外的其他 HEIS 的信息传输，还有项目内大量的资金、技术等内部信息交换，所以信息传输是构建 HEIS 技术模式应该首要考虑的关键。从信息传输和数据安全角度考虑，可将 HEIS 信息传输的网络平台划分为以下模式：因特网（Internet）模式、Intranet 模式、Extranet 模式以及"Internet+Intranet+Extranet"混合模式。

（一）Internet 模式

1. Internet 概述

Inlernet 中文译为因特网或国际互联网，是当今世界最大的国际性计算机网络。从功能上来讲，Internet 是一个世界性的庞大信息库资源，它本身提供的一系列各具特色的应用程序（或称为服务资源）使得用户能凭借它来实现对网络中包罗万象的信息进行快捷的访问，如人们可以利用它进行全球范围内的资料查询、信息交流、商务洽谈、气象预报、多媒体通信及参与各种政务活动、金融保险业务、科研合作等，从而极大地拓宽了人们的视野，迅速地改变着人们的生活和工作方式。

2. Internet 在水利工程管理信息化中的适用范围

无论是水利工程项目建设的承担方，还是项目监督管理方（如国家、省水利等相关部门），在其管理信息化过程中，都必须面对社会公众或相关对其关注的组织机构，因此必须通过这种 Internet 模式与其面对对象进行信息的交互和传递。而且，在处理内部业务过程中，也需要通过 Internet 查询、搜索相关水利建设设备、原料等信息。因此，Internet 是水利工程相关管理部门对外信息交互的门户。

（二）Intranet 模式

1. Intranet 概述

Intranet 译为"内联网"。一般认为，Intranet 是将 Internet 的概念与技术（特别是万维网，WWW）应用到企业、组织、政府部门或单位内部信息管理和交换业务中，形成内部网络，因此也称为"内部网"。其主要特点是采用 TCP/IP 通信协议和跨平台的 Web 信息交换技术，同时通过防火墙技术来保护内部敏感信息。

它既具有传统内部网络的安全性，又具备 Internet 的开放性和灵活性，在满足组织内部应用需要的同时又能够对外发布信息，而且成本低，安装维护方便。

2. Intranet 在水利工程管理信息化中的适用范围

在水利工程管理信息化中，Intranet 作为一种内部网，可以很好地把水利工程点接业务联系的管理部门（如国家、省、县水利部门）跨地域地联系起来，能够保证各级水利部门信息传递安全性前提下，快速地处理业务，通过 Intranet 信息传递、反应的快速性，很好地提高办公效率。

（三）Extranet 模式

1. Extranet 概述

Extranet 为"外联网"或"外部网"它是对 Intranet 的扩展和外延。Extranet 就是一种跨越整个组织边界的网络，在充分保证组织机构内部机密信息的安全下，它赋予外部访问者访问该组织内部网络的信息和资源的能力。组织机构内部业务处理过程中，往往需要来自外部合作伙伴的配合，要保证组织机构信息处理的整体高效性，必然要求其相关合作伙伴也能快速响应。因此，Extranet 使得 Intranet 内部扩展到组织机构外部。

2. Extranet 在水利工程管理信息化中的适用范围

Extranet 可以把水利工程管理部门与工程密切相关的合作群体联系起来，通过网上实现跨地区的各种项目合作，这对地域分布广、涉及因素多的大型水利工程项目尤其有用，项目之间不仅可以实施交流与沟通，同时也可以将工程建设中涉及的原料供应商或利益群体（如国际项目的外方机构等）联系起来，从而保证工程建设在整体上的信息传递、处理的高效性。各地开发的水利工程系统可以通过 Extranet 连接成一个统一的系统，能为水利工程合理利用资源，优化布局，统一协调项目监督提供极大帮助。

（四）"Internet+Intranet+Extranet" 相结合的混合模式

对于某个水利工程管理部门来说，往往同时需要面对以上三种不同的对象和业务，基于 Intranet 满足同一水利工程项目内部活动的需要，Extranet 满足不同水利工程项目之间、跨地区活动的需要，Internet 则是满足针对对外工程建设活动信息发布的需要，因此，对于某个工程管理部门来说，所使用的网络平台实际是 "Internet+Intranet+Extranet" 的混合模式。

由于各类工程分布广、各地区经济发展水平不均衡等，水利信息化基础设施普及的程度差异较大，因此，从水利工程管理信息化建设的战略发展角度来看，这三种混合模式是其发展的方向。

二、信息处理层

任何信息都必须经过输入、处理、输出的过程，水利工程管理信息作为水利工程信息化的核心内容，从水利信息所经不同的处理阶段可做如下划分：基于空间数据采集管理的 HE3S 模式，基于资源、环境、经济数据处理的 HEMIS 模式，基于水利资源环境经济信息进行知识发现、挖掘以支持科学决策的 HEDSS 模式，以及以这三者结合的 HE（3S+MIS+DSS）的综合模式。

（一）HE3S 模式

1. 3S 在水利上的应用概述

3S 系统是地理信息系统（Geographic Informal System，GIS）、遥感系统（Remote Sensing，RS）、全球定位系统（Global Positioning System，GPS）的总称，即利用 GIS 的空间查询、分析和综合处理能力，RS 的大面积获取地物信息特征，GPS 快速定位和获取数据准确的能力，三者有机结合形成一个系统，实现各种技术的综合。

GIS 是用于存储处理空间信息的计算机系统，它通过综合分析空间位置的数据，监测不同时段的信息变化，比较不同的空间数据分布特征及相互关系，实现对空间信息及其他相关信息的管理，使大量抽象的、呆板的数据变得生动直观、易于理解，为科学管理、规划、决策和研究提供空间信息依据。在水利工程 GIS 借助地面调查或遥感图像数据，将资源变化情况落实到地域河流，实现了地籍管理；并利用强大的空间分析功能，研究水利空间分布形式和动态变化过程，为全方位实时或准实时地监测水利资源变化提供了可能。同时，在综合分析水利资源和地理因素的基础上，为合理规划资源、优化结果、确定空间利用能力、提高水利价值等提供依据。

RS 是利用遥感器从空中探测地面物体性质，最早为航空遥感，现在多为航天（卫星）遥感。它根据不同物体对波谱产生不同响应的原理来识别地物，具有宏观、动态、信息丰富等优点。应用 RS 技术，可对水利资源状况、水利环境等进行综合评价。

由于水利资源地域性广、层次性强、动态变化快、反映资源现状的信息量大、内容复杂，3S 技术的发展为水利现代化描绘出一幅宏伟的蓝图，从 RS 技术中获取多时相的遥感信息，由 GPS 定位和导航，进入 GIS 进行数据综合分析处理，提供动态的资源数据和丰富的图文数据，最终提出决策实施方案。在技术上可以说是跨时段的、从天空到地表的多维立体水利，逐步替代传统的调查规划、监测和管理手段，使水利行业由单一粗放的经营管理迈上多元化、现代化、国际化的发展道路。

2. 3S 在水利工程管理信息化中的应用

作为水利工程建设的产出——水利资源，利用 3S 可实现对其管理和监测，同时对工程规划、作业设计等提供辅助决策管理。3S 强大的空间数据管理与分析能力正好迎合了水利资源的时空性特性，对于工程建设中的水利资源管理和监测、工程经营规划管理等，3S 都可提供集空间数据采集、处理、分析于一身的支持和服务功能。因此，3S 技术可实现水利工程基础业务管理信息化，3S 在水利工程信息化建设的应用称为 HE3S（Hydiaiilic Engineeiring 3S）。

（二）HEM IS 模式

1. MIS 概述

管理信息系统（Management Information System，MIS）是一个收集、传输、存储、加工、输出、维护、管理和使用信息的人机系统，它不仅可以进行数据处理，而且还将数据处理与优化的经济管理模型、仿真技术等结合起来，向各级领导提供决策支持信息，并能辅助管理者进行监督和控制，以便有效地利用各种资源。MIS 是以计算机为工具，采用数据库管理系统（DBMS）技术对区域或组织内外部诸要素进行优化组合，使人流、物流、资金流和信息流处于最佳状态，以最少的资源投入获得最满意的综合效益的现代管理系统。

管理信息系统有狭义和广义之分，狭义的 MIS 特指处理组织机构内部的事务处理系统，能提供初级的决策支持信息，而广义的 MIS 则是泛指所有的信息系统。

2. MIS 在水利工程管理信息化中的应用

水利工程不仅要处理许多空间数据，同时也要处理像社会、经济、资源等非空间数据，涉及水利资源空间数据处理由 3S 进行，而众多的社会经济、资源等非空间数据则需要 MIS 来处理。而 MIS 在这里的概念则界定为狭义的 MIS，仅是作为水利工程管理信息化中的一种非空间数据处理信息系统。把 MIS 在水利工程管理信息化中的应用简称为水利工程管理信息系统（Hydraulic EngineeringManagement Information System，HEMIS）。

（三）HEDSS 模式

1. DSS 概述

决策支持系统（Decision Supporting System，DSS），是以管理科学、运筹学、控制论和行为科学为基础，以计算机技术、仿真技术和信息技术为手段，针对半结构化的决策问题，支持决策活动的具有智能作用的人机系统。该系统能够为决策者提供决策所需的数据、信息和背景材料，帮助明确决策目标和进行问题的识别，建立或修改决策模型，提供各种备选方案，并且对各种方案进行评价和优选，通过人机交互功能进行分析、比较和判断，为正确决策提供必要的支持。

随着市场竞争的加剧和信息量的剧增，基于传统的数据管理方式的联机决策分析系统已不能满足对海量数据进行实时分析的需求，因此，为决策目标而将数据聚集进行在线决策分析的面向数据仓库的决策支持系统应运而生。这种决策支持系统通过对基于数据仓库管理的海量数据进行数据挖掘和支持发现，从而形成决策支持信息。

2. HEDSS 在水利工程管理信息化中的应用

在水利工程管理信息化过程中，不仅需要对空间数据的管理、MIS 对非空间业务处理，既满足水利工程管理业务的信息化需求，同时也要实现高端的面向海量的水利信息进行深层次数据挖掘、知识提取的功能，才能达到水利信息化的终极目标——为水利工程及水利管理提供科学的决策依据，把 DSS 在水利工程管理信息化的这种知识发现、为水利发展提供科学依据的应用，简称为水利工程决策支持系统（Hydraulic Engineering Decision Supporting System，HEDSS）。

（四）HE3S+HEMIS+HEDSS 的混合模式

作为融数据采集、信息处理、决策分析为一体的水利工程管理信息化建设，基于 HE3S、HEMIS 和 HEDSS 实际上是紧密结合在一起的 HE3S 的空间数据处理和 HEMIS 对非空间数据的处理，为 HEDSS 提供了分析数据基础。因此，在水利工程管理信息化中三者的结合才能形成一个信息化整体的管理。

第四节　水利工程管理信息化建设的总体框架

一、水利工程管理信息化数据采集构架

从水利工程的产品——水利资源数据而言，主要有原始数据采集和地图数据采集。原始数据的采集主要有：基于数字全站仪、电子经纬仪和电磁波测距仪等地面仪器的野外数据采集，基于 GPS 的数据采集，以及基于卫星遥感和数字摄影测量（DPS）等先进技术的数据采集。地图数据采集主要有地图数字化，包括扫描和手扶跟踪数字化这些技术，构成了数据采集的技术体系。需要指出的是：除了借助电子仪器，还须人工地实地调查观测的辅助，才能真实地反映调查区的水利资源状况。

从水利工程项目建设管理的角度看，不仅包括工程规划设计施工中的自然、地理等空间数据，同时也包括项目所在地的资源、社会经济等数据，对该类数据除向有关部门搜集获得外，还须进行社会调查获得。因此，这部分数据的采集必须依靠人工获得后再进行录入。

（一）原始数据采集

目前的 GIS 数据的原始采集，即全野外测量模式，主要有两种形式：一是平板仪测图模式；二是利用全站仪和经纬仪配合测距仪的野外测记模式。前者是在野外先得到线化图，然后在室内用数字化仪在线化图上采集 GIS 数据；后者用全站仪和经纬仪配合测距仪测量：电子手簿记录点的坐标和编码，在测量的同时记录点的属性信息和编码信息，然后在室内将测量数据口接录入计算机数据库。

目前，野外调查中，出现"GPS+便携机"模式，即利用 GPS 直接在野外采集数据，然后把 GPS 接收机数据装入便携式计算机。填图人员带着便携式计算机在实地对地物实体逐点进行测量，不仅可以极大地减轻野外作业的工作量，减少作业人数，而且不必逐级进行控制测量，极大地提高了功效。如果再借助远程通信系统，在野外测量的过程中，适时地将数据传输到室内计算机进行图形编辑，室内工作人员又可根据图形编辑的需要，及时通知野外作业人员进行数据的补充采集和修正，但需要研究的是如何充分发挥 GPS 采集数据量大、速度快的特点，研究如何克服 GPS 不适合隐蔽区的缺点，发挥其特长，有效地采集数据。随着计算机软硬件的发展，掌上机的出现为数据采集带来了福音，掌上机体积小，重量轻，供电时间长，网络通信方便，基本上满足野外工作移动方便的需要。

（二）地图数据采集

由于我国有很多地形图，因此，将现有地图进行数字化也是常用的方法。地图数字化主要有手扶跟踪和扫描两种方法，需要研究的是如何克服地图数字化过程中的各种误差，如地图伸缩变形误差、扫描仪扫描误差、矢量化误差、数据处理和编辑过程中的误差。从现有的地形图中用数字化仪或扫描仪输入时，点位误差的来源主要有以下两点。

一是采集误差，即在数字化或扫描过程中产生的误差。

二是原图固有误差，包括测量误差、采用的投影方法误差、控制格网绘制误差、控制点展绘误差、展点误差、制图综合误差、图纸绘制误差、图纸复制误差、图纸伸缩变形误差等。在进行地图数据采集时，对于界址点点位应尽量采用实测坐标输入，用数字化方法输入时，应采用聚酯薄膜原图，保证点位精度。

（三）社会经济等数据采集

对于一些无法借助仪器的社会经济等数据的采集，必须通过社会调查或从相关管理部门查询等方式获得，因此，对于这部分数据，必须经过人工手段进行获得和录入。

（四）水利资源数据实时获取和更新

全国各地根据各自的实际情况，不同程度地把计算机技术、数据库技术和 GS 技术分别应用于水利资源调查工作的各个环节，以保证调查成果的质量，提高调查工作的效率，提升调查成果的应用，并努力实现实时数据获取和更新。具体方案如下。

第一，利用手扶跟踪数字化输入方式或扫描数字化输入方式，根据矢量格式连续坐标的积分求积和栅格化像素填充原理，利用计算机进行图斑面积的量算；利用计算机图形原理或 GIS 技术，制定数字化方案和要求，进行坐标变换和地图符号化等处理，制作各种土地利用图件，根据需要输出计算机印刷的数据。

第二，利用计算机处理技术，根据摄影测量原理对数字航片进行倾斜误差改正和投影误差改正，实现航片的自动转绘，同时自动生成水利用图或正射影像。

第三，根据遥感监测数据监测水利资源，监测变化图斑的变化面积，根据不同的行政区划，统计历年的水利资源消长；根据不同的监测区名称，统计监测区的水利资源消长。

二、水利工程管理信息化数据管理结构

（一）数据管理结构设计

计算机及相关领域技术的发展和融合，为水利空间数据库系统的发展创造了前所未有的条件，以新技术、新方法构造的先进数据库系统正在或将要为水利信息数据库系统带来革命性的变化。

一是，针对不同系统（GIS 或 DBMS），根据系统需求和建设目标，采取不同的数据管理模式。

二是，在数据管理模式实现的基础上，实现数据模型的研制问题，选取合适的数据模型以方便数据的管理。

三是，尽可能采用成熟的数据库技术，并注意采用先进的技术和手段来解决水利工程信息化过程中的数据管理问题。应用面向对象数据模型使水利空间数据库系统具有更丰富的语义表达能力，并具有模拟和操纵复杂水利空间对象的能力；应用多媒体技术拓宽水利空间数据库系统的应用领域，应用虚拟显示技术促进水利空间数据库的可视化；应用分布式和 C/S、B/S 模式的应用，使水利数据库具有 Internet 连接能力，实现分布式事务处理、透明存储、跨平台应用、异构网互联、多协议自动转换等功能。

四是，在数据库实现的基础上，实现空间数据挖掘、知识提取、数据应用和系统集成。

（二）水利工程数据管理的特点

信息系统离不开数据，整个水利信息系统都是围绕空间数据的采集、加工、存储、管理、分析和表现展开的，空间实体的特征值可通过观测或对观测值处理与运算来得到，如可以通过测量或计算直接得到某一点的距离值，而该点的距离则是通过计算出来的属性值。由于水利工程数据信息的复杂性、交错性，在数据形式上的特点表现为以下九点。

1. 种类多

水利工程管理涉及数据种类多，包括水利资源相关数据和社会经济环境等数据，其中水利资源管理涉及的数据将它们抽象、用数字表达，可以归结为四类：数字线划数据、影像数据、数字高程模型和地物的属性数据。

数字线划数据是将空间地物直接抽象为点、线、面的实体，用坐标描述它的位置和形状。这种抽象的概念直接来源于地形测图的思想。一条道路虽然有一定的宽度，并且弯弯曲曲，但是测量时，测量员首先将它看作是一条线，并在一些关键的转折点上测量它的坐标，这一串坐标描述它的位置和形状。当要清绘地图时，根据道路等级给予它配赋一定宽度、线型和颜色，这种描述也非常适用于计算机表达，即用抽象图形表达地理空间实体，实际上大多数 GIS 都以数字线划数据为核心。

影像数据包括卫星遥感影像和航空影像，它可以是彩色影像，也可以是黑白灰度影像。影像数据在现代 GIS 中起越来越重要的作用，主要因为它的信息丰富、生产效率高，并且能直观而又详细地记录地表的自然现象。人们使用它可以加工出各种信息，如进一步采集数字线划数据。在水利工程应用中影像数据一般经过几何和灰度加工处理，使它变成具有定位信息的数字正射影像，其立体重叠影像还可以生成地表三维景观模型和数字高程模型数字。

数字高程模型实际上是地表物体的高程信息，但是由于高程数据的采集、处理以及管理和应用都比较特殊，所以在 GIS 中往往作为一种专门的空间数据来讨论。

属性数据是水利信息系统的重要特征，正因为水利信息系统中储存了图形和属性数据，才使水利信息系统如此丰富，应用如此广泛。属性数据包括两个方面的含义：①它是什么，即它有什么样的特性划分为地物的那一类，这种属性一般可以通过判读，考察它的形状和其他空间实体的关系即可确定；②第二类属性是实体的详细描述信息，例如一栋房子的建造年限、房主、住户等，这些属性必须经过详细调查，所以有些 GIS 属性数据采集工作量比图形数据还要大。

2. 空间数据模型的复杂性

空间数据模型分为栅格模型和矢量模型。栅格模型和矢量模型最根本的区别在于它们如何表达空间概念，栅格模型采用面域和空域枚举来直接描述空间目标对象；矢量模型用边界和表面来表达空间目标对象的面或体要素，通过记录目标的边界，同时采用标志符表达它的属性来描述对象实体。正是由于空间实体的多姿多彩和千变万化，决定了空间数据模型的复杂性。

3. 数据量大

信息丰富、数据量大是水利空间数据的一般特点，一张精度适量的地图，或数据量超过 100 万字的一本书，相当于一张 3.5 寸软盘的容量，而一个微型的系统就需要管理几十张，甚至成千上万张的地图。NASA 的 EOS 计划中，其地理信息系统的预期数据处理容量为百万数量级，采集非常昂贵，这就对空间数据的管理和共享提出了新的要求。

4. 分布不均匀

在同一个系统中，空间数据的分布极不均匀，这是由地理信息系统所描述的地理现象本身的不均衡所决定的。局部数据相当稠密，而另外的区域却相对稀疏，部分对象相当复杂，而另外的对象却又相当简单，数量级的差别往往在 10 万倍以上。

5. 分布式空间数据存储

随着 GIS 在各行各业深入开展和空间数据量的膨胀，把数据集中在一个大的数据库中进行管理的传统方式已不能满足用户需求，如一些特殊数据的拥有者发现他们可能会失去对数据的控制权；数据的存储结构难以动态改变以适应不同用户的需求，庞大的数据量在单个数据库中管理困难，运行效率低；由于业务的扩大，特别是跨地域的发展，数据的集中管理更加困难，因此，随着网络和分布式数据库技术的发展，空间数据往往被异地存储，分布式进行管理。但是，不排除在分布式的需求日趋高涨的同时，又出现了相反的需求，即采用新的技术集成已有的系统，各系统之间能有效地进行互操作。

6. 自治性

许多正常运行的 GIS 系统在建立之初，往往都是以独立的系统存在，即采用不同的GIS 软件，不同的数据模型和数据结构之间缺少紧密的联系。但应用中经常需要结合不同系统中的数据才能做出决策、判断和分析，而这些数据又存在于不同的系统中，且这些系统又基于各方面的原因要独立地运行，如机密数据在不同的系统中有不同的权限控制，这就决定了空间数据的自治性。所以，不破坏空间数据的自治性，又达到数据共享和互操作是空间数据互操作的一个基本要求。

7. 异质性

异质性在许多领域中都存在，且大多数是由于技术上的区别引起的，如不同的硬件系统、不同的操作系统及不同的通信协议等；为解决异质问题的相关研究已开展了许多年，尽管大多数情况下它已不再阻碍数据的操作，但是在地理信息领域中，由于空间数据的特殊性还存在不同层次的异质性。如语义异质，它经常是大多数信息共享问题的起因。语义上的异质可认为是对象认识的概念模型不一致引起的，如不同的分类标准，对几何对象描述的不同等。

8. 重复使用

随着水利在生态环境建设中重要性的日趋体现，水利地理空间数据与生态环境保护其他方面的需求相结合，这就要求空间数据的建设、管理和应用能在共享和互操作的环境中运行。

9. 功能集成

将不同的水利信息系统中的功能集成在一个全局系统中，这种情况在水利工程的建设和管理决策分析应用中广泛存在，一个决策分析往往需要多种信息。如要进行一个水利建设项目，往往要从基础设施库中获取该地区的地形、地貌等基本信息，同时考虑当地的经济发展要求，即要从经济数据库中获取该地区的经济相关指标，然后综合分析这些信息。这就不仅需要空间数据的共享和互操作，还需要各个子数据库系统的功能模块，表现模块的共享和互操作。

三、水利工程项目管理信息化构架

水利工程项目管理信息化是指将水利工程项目实施过程所发生的情况（数据、图像、声音等）采用有序的、及时的和成批采集的方式加工储存处理，使它们具有可追溯性、可公示性和可传递性的管理方式。可追溯性就是信息具有一定正向的或反向的查阅功能；可公示性表明数据有条件查阅功能，不是个人行为管理；可传递性表明所有的情况不局限在某地，能在网上实现传递等。项目管理信息化的实质就是以计算机、网络通信、数据库作为技术支撑，对项目整个生命周期中所产生的各种数据，及时、正确、高效地进行管理，为项目所涉及的各类人员提供必要的高质量的信息服务。

水利工程项目管理信息化是引入先进的信息管理技术，提高项目管理效率和规范项目管理的过程。

（一）水利工程项目进度管理

由于水利工程建设中，时间短，任务重，必须严格控制工程进度，才能保证年度计划目标的实现。建设完成后要实施管护项目，必须严格按照管护计划进行管理。在进度管理过程中，需要编制和优化项目建设进度计划，对建设进展情况进行跟踪检查，并采取有效措施调整进度计划以纠正偏差，从而实现建设项目进度的动态控制。

（二）水利工程项目质量管理

项目质量是项目管理的生命线，只有在确保质量的前提下，项目活动才可以支付资金，质量与资金支付密切相关，水利工程项目中水利工程建设质量在整个项目质量管理系统中最重要。在整个项目执行过程中，从项目的最初设计到最终的检查验收，对项目建设应实行全面质量管理，项目管理人员为了实施对建设项目质量的动态控制，需要建设项目质量子系统，提供必要的信息支持。为此，系统应具有以下功能。

第一，存储有关设计文件及设计修改、变更文件，进行设计文件的档案管理，并进行设计质量的评定。

第二，存储有关工程质量标准，为项目管理人员实施质量控制提供依据。

第三，运用数理统计方法对重点供需进行统计分析，并绘制直方图、控制图等管理图表。

第四，为建设过程的质量检查评定数据，为最终进行项目质量评定提供可靠依据。

第五，建立台账，对建设和护管等各个环节进行跟踪管理。

第六，对工程质量事故和工程安全事故进行统计分析，并能提供多种工程事故统计分析报告。

（三）水利工程项目资金管理

由于项目所有的活动最终都要体现在资金的支付上，因此，资金管理是项目顺利实施的物质基础。政府投资水利工程项目的资金管理要树立责任意识、效益意识、市场意识、风险意识，把有效的资金管理作为项目管理的核心，建立一整套适合本国国情的资金管理系统，以促进项目各项工作的顺利实施。水利工程项目在资金管理上应按照计划、采购、质量和资金四个管理系统相结合的原则，从资金到位管理、资金支出管理等方面进行财务控制，同时在项目实施的各个阶段制订投资计划，收集设计投资信息，并进行计划投资与实际投资的比较分析，从而实现水利工程项目投资的动态控制。

（四）水利工程项目计划管理

水利工程项目计划是工程实施的基础，因此，工程计划的编制与优化需要根据项目进度、资金等影响因素进行控制和调整。

（五）水利工程项目档案管理

水利工程文档管理主要是通过信息管理部门，将项目实施过程中各个部门产生的全部文档统一收集、分类管理。为此，应具有以下功能。

第一，按照统一的文档模式保存文档，以便项目管理人员进行相关文档的创建和修改。

第二，便于编辑和打印有关文档文件。

第三，便于文档的查询，为以后的相关项目文档提供借鉴。

第四，便于工程变更的分析。

第五，为进行进度控制、费用控制、质量控制、合同管理等工作提供文件资料的支持。

第五章　水土保持与生态修复

第一节　区域水土流失的过程与分布特征

一、区域土壤侵蚀过程

从一般意义上讲，地面总是倾斜的。如果忽略了梯田等人工地貌，则真正意义上的平地占地面的面积比较有限。因此，地面径流及其中携带的泥沙和化学物质，总会沿着坡面最陡的方向，向下坡方向流动并汇集到沟道。因为这种物质的流动，上述离散单元之间发生了物质的交换，并形成不同尺度、多级别的流域单元。我们所研究的"区域"，是这种流域单元的一种组合。由于径流含沙量与携沙能力对比关系的变化和坡面工程措施（如梯田）及沟道水利工程对径流和泥沙的拦蓄，地表径流及其所携带泥沙物质的一部分可能被拦蓄于计算单元而不再向下输送——发生径流被直接拦蓄、泥沙物质沉积现象，同时也在某些地段发生了新的剥蚀。因而泥沙汇集传输过程，是一个完整的"侵蚀—搬运—沉积"过程。然而由于地表离散为数量十分巨大的单元，所以这一过程必须在 GIS 的支持下才能完成。

根据对坡面、小流域和区域土壤侵蚀模型的分析总结，参考分布式水文模型对大区域水文过程的描述和水土流失治理的过程，区域尺度的土壤侵蚀过程表现为三个方面，即降雨产流产沙过程、水沙物质汇集和传输过程、水土流失治理过程。

（一）降水产流产沙过程

降水产流产沙过程是指在一个计算单元内，降水产生径流并对土壤物质产生剥蚀的过程。当计算单元的尺寸较小时，这个单元类似于一个坡面。例如，我们在做区域土壤侵蚀模型时，利用了 100 m 作为栅格尺寸。有研究表明，在黄土丘陵区，平均坡长 38 m，而在地形比较平缓的地区，坡长可能会达到 100 m 以上，因而将 100 m × 100 m 的方格看成是一个均一的坡面具有一定合理性。这种情况下，我们可以将对区域的描述，分解为对于一系列内部相对均一的单元格的描述。而通过各种因子及其土壤侵蚀综合特征的变化来表现土壤侵蚀的空间变异。借鉴坡面土壤侵蚀研究的成果，在一个单元内和一个比较短的时段内，土壤侵蚀过程表现为大气降雨在地表形成径流，雨滴对土壤的击溅侵蚀和径流对土壤的剥蚀。因而，影响降水产流、雨滴击溅和径流冲刷的因素，都对侵蚀形成影响，如植被的截留、地表洼地拦蓄存储、大气蒸发、土壤渗透等，相邻单元之间物质的交换、雨滴能量、径流厚度和速度、土壤抗侵蚀性能、径流携沙能力、径流含沙量等，均对侵蚀形成影响。然而实际上，即使 100 m 也有可能比实际的地块大，同时其内部是不均一的。因而，计算单元如何划分（尺寸确定）、单元内部不均一性（或侵蚀因子在单元内部的变异），是区域尺度水土流失的特有特征。小流域模型中，利用地表粗糙度来描述地形的微小变化，这种方式对于区域土壤侵蚀模型来说，依然是有效的。至于单元内部其他方面的变异，可借鉴遥感图像处理技术中的亚像分析方法来处理。

（二）水沙物质汇集和传输过程

水沙物质汇集和传输过程指地表径流和泥沙物质沿坡面和沟道系统汇集和输移，发生再侵蚀和沉积的过程。由于径流含沙量与携沙能力对比关系的变化和坡面工程措施以及沟道水利工程对径流和泥沙的拦蓄，地表径流及其所携带泥沙物质的一部分可能被拦蓄于计算单元而不再向下输送。

（三）水土流失治理过程

水土流失治理过程指布设于水土流失地段的各种治理措施，通过影响上述两个过程的发生，或直接影响"剥蚀、搬运和沉积"的一个或者几个环节，减少水土流失强度的过程。用遥感图像分析（植被、土地利用、措施数量）和统计（措施数量）方法，提取水土保持措施信息，定量分析其对上述两个过程的影响，或者制定拦蓄径流和减少侵蚀的指标，是区域尺度水土保持过程分析的主要方法。土壤侵蚀治理是通过人为改变坡面土壤侵蚀要素（地形、植被和土壤）间接控制或减少流失的过程。同时，一些工程措施，还可直接拦蓄地表径流和泥沙中的泥沙物质。这样，通过对各种水土保持措施的实施，达到水土流失治理的目的。

二、全国水土流失的分类与分布特征

（一）基于侵蚀强度的分类

1. 水力侵蚀

水力侵蚀是指雨滴和坡面径流对土壤的破坏、剥蚀和搬运作用，是我国最主要的侵蚀类型，主要分布于我国的东部地区。

①微度侵蚀：表土微量流失，地面径流已经明显浑浊。主要分布于植被良好的山地和波状平原。侵蚀方式主要为土壤剖面面蚀。②轻度侵蚀：表土质地明显变轻，地面出现显著的痕迹，局部出现细沟及堆积现象。分布于干旱区土石丘陵和植被一般的山地。表现为母质面蚀、少量的细沟和纹沟侵蚀。③中度侵蚀：表土因侵蚀显著变薄，地面出现明显的细沟和浅沟，致使植物根系裸露以致枯死。分布于半干旱区土石丘陵。④较强度侵蚀：表土遭受侵蚀，小切沟已广泛发育。见于黄土残塬、植被已经破坏的丘陵和东北漫岗台地等处。⑤强度侵蚀：心土大部遭受侵蚀、土壤母质为沟壑切割或遭受严重破坏，并导致大片岩石出露或成光板地。分布于黄土高原和四川盆地以及江南丘陵的局部地区。⑥极强度侵蚀：沟蚀普遍强烈、沟壑密集、沟头前进明显、重力作用频繁。⑦剧烈侵蚀：地面物质松散易蚀、地形切割破碎、重力过程盛行、暴雨径流有时超过液限而呈泥流状、侵蚀强度超过 20 000 t／（km²/a）。此类仅见于陕晋峡谷和南方红土丘陵的局部地区，冲沟和崩岗是主要的侵蚀方式。

2. 风力侵蚀

主要发生在西北干旱半干旱地区地面干燥、植被稀少、地形和缓和地面物质松散的丘陵和高原面上。南方沿海沙地以及华北黄河泛滥平原等处亦有分布。

①微度侵蚀：以扬失作用为主，其范围广而影响甚微。见于半湿润地区、草甸草原和绿洲地区。②轻度侵蚀：旱季地面黏质土壤发生扬失或沙质地面出现波纹。分布于干草原地区和已经垦殖的草甸草原。③中度侵蚀：地面发生尘暴、表土吹失减薄、植物根系吹露以及拔根或见有沙堆和沙垄现象。分布于荒漠草原和已经暗植的干草原。④强度侵蚀：植被稀少，地面有活动沙垄、沙丘和风蚀残丘。分布于已经固定的沙漠地区。⑤极强度侵蚀：地面大多或全部为沙丘沙垄覆盖且其活动频繁。见于活动沙丘地带。⑥剧烈侵蚀：使地面细粒物质吹失殆尽而呈光板地或戈壁滩，如内蒙古中西部一带。

3. 冻融侵蚀

该类型为土壤水或地面径流因温度剧烈变化而产生的冻结、消融和涨缩作用对土壤的破坏过程，包括冰川、冰水、风力、重力作用下发生的冻融吹蚀、冻融草皮滑动和冻融泥流等现象。限于资料，其强度的划分仅依据环境景观条件而定。

4. 重力侵蚀

滑坡、泥石流规模大、危害严重。以我国中部及大构造活动带附近或地形阶梯附近较为活跃集中，如贺兰山、六盘山、西秦岭及横断山地等处。

（二）全国土壤侵蚀空间分布

1. 土壤侵蚀空间分布

全国范围内由于导致土壤侵蚀的主要外营力类型的不同，明显地分布为三个土壤侵蚀区：湿润的东部水力侵蚀地区；干燥作用的西北部风力侵蚀地区；高寒物理作用的青藏高原冻融侵蚀地区。这种分布与我国的三大自然区基本吻合。

土壤侵蚀强烈的地段，大多位于三大地形阶梯的过渡带、地质构造带或平原和山地丘陵的过渡地带。如青藏高原东南边沿的滑坡泥石流活跃带；华北平原周围的山地丘陵、东北平原周边的漫岗台地以及江南丘陵地区的一系列小型盆地的外围地区；东部华夏系和东西向构造带的交错形成的一系列"侵蚀—沉积"单元等。

从自然地理—人文地理综合角度看，土壤侵蚀强烈的地区大多分布于工农业生产中心的外围和相邻地区。如与汾渭平原、河套平原相邻的黄土高原，与华北平原相邻的华北山地丘陵、山东辽东半岛丘陵，与东北平原相邻的东北漫岗，与成都平原相邻的川东丘陵等。

土壤侵蚀严重的地区同时也是河道整治的重点地区，如黄土高原的水土保持和黄河的治理。这是由于土壤侵蚀，导致了其下游河道和水库的严重淤积。

2. 土壤侵蚀区的特征

以土壤侵蚀营力和生物气候带为土壤侵蚀带划分的基础，将我国划分为东部水蚀区、西北部风蚀区和青藏高原冻融侵蚀区三大土壤侵蚀类型区。

（1）东部水蚀区

水力侵蚀类型区大体分布在我国"大兴安岭—阴山—贺兰山—青藏高原 东缘一线以东"的地区，主要包括西北黄土高原、东北低山丘陵和漫岗丘陵、北方山地丘陵、四川盆地及周围山地丘陵和云贵高原。该区的特征主要有以下几方面。

第一，暴雨径流是引发土壤侵蚀的主要动力条件。本区由于季风气候的影响，夏季降水占全年的50%以上，多暴雨和暴雨径流。

第二，松散的陆地沉积物和风化物是侵蚀的物质基础。如西北地区的黄土，南方的红色风化壳等。

第三，丘陵和盆地、山地和平原的交接地带是发生土壤侵蚀的主要部位。本区常是地面丘陵低山和盆地、平原共生存在，新构造运动使地方侵蚀基准不断下降，加速了侵蚀的发生。

第四，不合理的土地利用是土壤侵蚀加剧的主要原因。

第五，以水力侵蚀为主，还有与之相关的重力侵蚀、风力侵蚀、化学侵蚀等多种侵蚀类型的作用。

⑥有若干个"侵蚀—沉积"单元成为东部地区侵蚀地域分布的基础。

（2）西北部风蚀区

风力侵蚀为主的类型区主要分布在新疆、甘肃河西走廊、青海柴达木盆地，以及宁夏、陕北、内蒙古、东北西部等地的风沙区。该区集中了我国90%的沙漠和戈壁，该区的特征如下。

①风力的作用是地表物质移动的主要动力。

②内陆盆地地势和缓，多中生化松散陆相沉积，为风力作用创造了良好的条件。

③草原过牧和退化导致了风力侵蚀的加剧。

④在风力的主导作用下，暴雨侵蚀也十分活跃。

⑤主要由于水分条件及其引起的植被条件、风力作用强度、土地利用形式等的不同，分布为干旱草原沙漠化区及干旱荒漠风沙作用及绿洲沙漠化区。

（3）青藏高原冻融侵蚀区

冻融侵蚀主要发生在人类影响很小的青藏高原地区，包括青藏全部、青海南部及四川的甘孜、阿坝地区。冻融侵蚀区特点为：地表主要表现为强烈的物理风化作用，风力作用、低温和微弱的生物作用下土壤多呈原始状态，质地很粗，除东南部地区外，留有大片无人区，所以土壤侵蚀活动基本上处于常态侵蚀阶段。

第二节　水土保持的原理、措施

一、土壤侵蚀、水土流失、水土保持的关系

土壤侵蚀（soil erosion）是指在水力、风力、冻融、重力等自然营力和人类活动作用下，土壤及其母质被破坏、剥蚀、搬运和沉积的过程。

水土流失（soil erosion and water loss）是指在水力、风力、重力及冻融等自然营力和人类活动作用下，水土资源和土地生产能力的破坏和损失。

水土保持（soil and water conservation）是指防治水土流失，保护、改良与合理利用水土资源，维护和提高土地生产力，减轻洪水、干旱和风沙灾害，以利于充分发挥水、土资源的生态效益、经济效益和社会效益，建立良好生态环境，支撑可持续发展的生产活动和

社会公益事业。

对比土壤侵蚀与水土流失两个概念，土壤侵蚀反映的是土壤及其母质被破坏、剥蚀、搬运和沉积的地质过程，而水土流失则更强调人为、加速土壤侵蚀的后果——水土资源的损失。土壤侵蚀塑造形成了千沟万壑、崎岖起伏的地形，促进了地表产流，也加剧了地下水的水平排泄，在造成下游地区洪涝灾害的同时，水土流失区一般地表水短缺，地下水埋藏深，水资源短缺，大雨大灾，小雨小灾，无雨旱灾。同时，土壤侵蚀造成坡面土层变薄、土质粗化，导致土壤保水性能下降，也加剧了水土流失区干旱发生的频率。由于上游地区保持水土、涵养水源的能力下降，河流下游洪水增加，洪枯比加大，降低了河流水资源的可利用性，也加剧了水旱灾害。同时，严重的水土流失形成了高含沙水流，极易淤积水库、渠道，从而难以利用，为了将河流泥沙输送入海，还需要占用大量的河流水资源。土壤侵蚀不仅造成坡面土层变薄、土质粗化，导致土壤肥力下降，而且沟壑的发育还切割、蚕食大量的平坦土地。洪水、泥石流携带的固体碎屑物质也可能占压、沙埋破坏土地资源，特别是耕地和建设用地，甚至造成严重损害，崩塌、滑坡等也大量破坏土地资源。

可见，水土流失与土壤侵蚀在定义上存在明显差别，但应该看到，"水土流失"一词在中国早已广泛使用。而"土壤侵蚀"一词为传入我国的外来词，从广义理解常被用作水土流失的同义语。目前，对土壤侵蚀的理解，与水土流失的含义基本相同，土壤侵蚀也叫水土流失。但因各地具体条件相差悬殊，研究的目的和范围也不尽相同，作为同义语使用时应注意其异同。

同时，水土流失的概念与土壤侵蚀又有联系。狭义的水土流失与水力侵蚀的内涵基本一致。广义的水土流失指在水力、重力、风力等外营力作用下，水土资源和土地生产力的破坏和损失，包括土地表层侵蚀及水的损失。一般而言，水土流失专指水力和重力等外营力的侵蚀作用引起的水土资源破坏和流失。这里的水资源包括地表水资源、地下水资源和土壤水资源，土资源包括土壤资源和土地资源。水土保持是相对于水土流失而言的概念，即防治水土流失，保护、改良与合理利用水土资源，维护和提高土地生产力，减轻洪水、干旱和风沙灾害，以利于充分发挥水上资源的生态效益、经济效益和社会效益，建立良好的生态环境，支撑可持续发展的生产活动和社会公益事业。水土保持的概念说明，水土保持既是一种生产活动也是一种社会事业，目的是防治水土流失，保护、改良与合理利用水土资源。

二、水土保持原则和措施

（一）小流域水土保持综合治理的原则

小流域水土保持综合治理一般应遵循以下原则。

1. 以小流域为单元，统筹规划，综合治理

小流域是河流源头的集水区，是产沙、汇流的基本单元，也是侵蚀、产沙的基本单元。小流域面积一般只有几个到十几个平方千米，按水利部规定一般不超过 50 平方千米，大体上是乡镇或者乡镇以下的行政尺度。小流域内自然情况、水土流失情况和经济社会发展水平基本一致，因此，便于统一规划和综合治理，也便于基层政权（乡、村）组织实施。以小流域为单元，进行水土保持综合治理，也便于协调好治理与开发之间，治坡与治沟之间，工程、林草、农业三大措施之间，上下游、左右岸之间的辩证关系，形成合力，避免措施单一，或边治理、边破坏，下游治理、上游破坏的负外部性，使水土保持事业事半功倍；以小流域作为基本单元，进行科学规划、综合治理，突出重点、成片推进，这是我国水土保持工作的成功经验和基本原则之一。

2. 因地制宜，因害设防，兴利除害

水土流失类型多样，不同类型水土流失的作用机理和危害形式都不一样，因此，只能针对具体的水土流失现象，因地制宜，选择合适的防治措施。植被拦蓄降水，减少地表产流，可以有效控制坡面水土流失，但在陡峻的塬边、崖畔地带，降水入渗转化为土壤水和地下水，由于岩土体的容重增加和渗流作用，发生崩塌、滑坡等重力侵蚀的概率可能增加。又如，在山丘区广泛采用山头植树，山腰和坡脚修梯田的水土保持治理模式，但是在沟间地较为开阔平坦的高原沟壑区，则适宜在塬面上进行土地平整，兴修基本农田，沟缘线以下则植树种草。为了巩固支流成效，控制暴雨洪水危害，小流域治理的一般顺序是先坡后沟、先支后干，先上游后下游，为加快治理进度也可以支流分片、干流划段，同时治理，全面推进；但是在相对地广人稀、水土流失较为轻微的地区，将有限的人力物力财力主要投放到远离村庄的山头、支毛沟和沟道上游是不明智的，应该以川道治理为主，优先治理村庄周围的水土流失，治河造地，改善生产生活条件；而远山的水土流失则以封禁、恢复植被为主，以提高治理效率和效益。

3. 注重效益、费省效宏

水土保持综合治理应兼顾生态、社会、经济效益，充分发挥水土流失区水土资源的利用效率与效益，在经济上可以自我维持，控制水土流失的投入应该远小于水土保持增加的人类福祉，并有利于水土流失区的经济社会发展，群众脱贫致富。

（二）生产建设项目水土保持的原则

生产建设项目水土保持应坚持"责任明确、预防为主、因地制宜、综合防治、生态优先、三效并重"等原则。

1. 责任明确

指谁开发、谁保护，谁造成水土流失、谁负责治理，明确建设单位水土流失防治的时段和责任范围；水土保持措施应与主体工程"同时设计、同时施工、同时投产使用"。

2. 预防为主

针对项目区自然条件、水土流失以及主体工程的特点，进行主体工程设计，并科学合理地配置各类水土保持措施，尽可能地减少项目建设引起的新增水土流失。如在工程选址、选线的过程中应尽量避免通过泥石流、滑坡、崩塌危害的地区以及生态环境脆弱易引发水土流失的地区，道路、管线等线性工程在通过水土流失区时应尽可能采用桥、隧等方式穿越，减少挖填方工程量；在山丘区进行工矿业建设和房地产开发时，应尽可能根据地势采用阶梯式整地，避免大挖大填形成的高边坡；土石方工程应尽可能实现挖填方平衡，减少外排的弃土弃石数量。

3. 因地制宜

根据项目占地类型、建设和生产特点，项目区自然、经济、社会条件和水土流失情况、合理地布设水土保持措施，重点防治施工过程中的水土流失。

4. 综合防治

结合主体工程实际情况，布置各类水土流失综合防治措施，充分发挥主体工程已有措施（如挡土墙）的水土保持功能，新增水土保持措施应结合主体工程的目标功能，建立造型美观、结构合理、功效齐全、效果显著的生产建设项目水土保持流失防治体系。

5. 生态优先

开发项目工程建设和生产过程中施工工艺与时序的安排应突出生态环境优先的特点，注意临时性水土保持措施，在施工过程中应尽量实现开挖方平衡，减少远距离运土，避免弃土弃石外排，房地产开发中如存在弃土，可以就地堆土造景，应采用临时性挡土墙和覆盖措施防治临时堆土场的水蚀和风蚀。在风蚀区进行露天矿开采时，应采用条带式开采，在矿坑上风方向布设防风林，矿坑由下风方向向上风方向移动，用新矿坑剥离表土回填老矿坑造地。

6. 三效并重

生产建设项目水土保持并不仅是为了控制土壤侵蚀，也不能脱离主体工程成为独立的存在，应是为了实现主体工程的目的，充分发挥主体工程的经济、社会效益，应结合主体工程自身及其周边环境景观，通过景观绿化、复垦造地等途径，使水土保持措施成为集功能性、观赏性的综合体系。如弃土弃石场可以选择荒沟、荒滩等废弃地，在堆填弃土弃石后覆盖剥离表土造地；对取土场、弃土场进行景观绿化，并将其改造为可供人休憩的园林、绿地。

第三节　水土保持生态修复的理论、目标、范式

一、水土保持生态修复的理论依据

（一）整体性原理

区域生态系统是由自然、经济、社会三个部分交织而成的有机整体。其中：组成复合系统的各要素和各部分之间相互联系、相互制约，形成稳定的网络结构系统，使系统的整体结构和功能最优，处于良性循环状态。遵循这一原理，在黄土高原生态恢复中，必须在整体观指导下统筹兼顾，统一协调和维护当前与长远、局部与整体、开发利用与环境保护的关系，以保障生态系统的相对稳定性。

（二）限制因子原理

生物生存和繁殖依赖各种生态因子的综合作用，但其中必有一种或少数几种因子是限制生物生存和繁殖的关键因子。若缺少这些关键因子，生物生存和繁殖就会受到限制，这些关键因子称为限制因子。在黄土高原生态恢复中，水分是主要制约植物生长的限制因子，这是由该区特殊的土壤结构造成的。由于黄土疏松通透，结构性差，在暴雨的打击下，极易形成大量的超渗流，而土壤自身持水能力差，从而使植物的生长受限。因此，采取有效措施，最大限度地把有限的大气降水充分保持与利用起来，改善土壤水分状况，是恢复该区生态系统的重要物质前提。

（三）大小环境对生物具有不同影响原理

生物生存所依赖的环境有大环境和小环境。大环境是指地区环境，如该区的大气环流、气候、地形、土壤及地带性植被等大范围的环境状况；小环境则指的是对生物有着直接影响的邻近环境，如植物所在区域近地面的大气状况、温度状况、湿度状况、土壤状况以及周边生物等。大小环境对生物具有不同影响。大环境决定生物可以在多大尺度范围内定居，而具体定居于何处，则通常由小环境决定。该原理为构建黄土高原不同类型生态退化区的生物群落，选择适合当地生态恢复的物种提供了理论指导。

（四）种群密度制约与空间分布格局原理

无论何种生态系统，其间物种的生存都会受环境容量的限制。根据阿里规律，种群密度太高或太低都可能成为种群发展的限制因子。种群分布有随机、均匀和集群分布三种基本格局。在自然生态系统中，集群分布往往是最为普遍的分布格局。实际上，对于有些物种，集群分布可能更有利于种群的生存和发展。因此，在生态恢复与重建中，应在了解物种种群空间分布规律的基础上，因物种不同而选择合适的种群密度与布局方式，改变过去那种整齐划一的方格状布局。

（五）物种多样性原理

生物群落是在特定的空间或特定的生境条件下，生物种群有规律的组合，其内部往往存在丰富的物种与复杂有序的结构，并且生物与环境间、生物物种间具有高度的适应性与动态的稳定性。这种群落的稳定性来源于生物物种的多样性。而植物多样性又是生物群落中其他生物多样性的基础。遵循这一原理，在黄土高原人工林建造过程中应注意多种植物合理配置，科学构建多树种的混交林，尽量避免造单一树种的纯林。

（六）群落演替原理

群落演替包括原生演替、次生演替两种类型，通常次生演替的演替速度较原生演替速度快。在群落退化过程中的任何一个阶段上，只要停止对次生植物群落的持续作用，群落就从这个阶段开始它的复生过程。演替方向仍趋向于恢复到受到破坏前原生群落的类型，并遵循与原生演替一样的由低级到高级的过程，遵循这一原理，在生态恢复过程中，可对一些退化生态系统进行适度据荒，减少人为干扰，其恢复尽可能保持与群落演替阶段相一致，将有助于生态系统的恢复。

（七）生物间相互制约原理

生态系统中生物之间通过捕食与被捕食关系，构成食物链，多条食物链相互连接构成复杂的食物网。由于它们的相互连接，其中任何一个链节的变化，都会影响到相邻链节的改变，甚至导致整个食物网的改变，并且在生物之间这种食物链关系中包含着严格的量比关系，处于相邻两个链节的生物，个体数目、生物量或能量均有一定比例，通常前一营养级生物能量转换成后一营养级的生物能量，遵循林德曼"十分之一定律"。在黄土高原生态恢复中，遵循这一原理，进行合理的生态设计，巧接食物链，发挥其最大功能和作用。

（八）生态效益与经济效益统一原理

在生态恢复中，为了在获取良好生态效益的同时，获得较高经济效益，应注意合理配置资源，充分利用劳动力，调整产业结构，优化产业布局，进行专业化、社会化生产，以提高综合经济效益。

（九）生态位原理

在生态系统中，每个种群都有自己的生态位，其反映了种群对资源的占有程度以及种群的生态适应特征。在自然群落中，一般由多个种群组成，它们的生态位是不同的，但也有重叠，这有利于相互补偿，充分利用各种资源，以达到最大的群落生产力。在特定生态区域内，自然资源是相对恒定的，如何通过生物种群匹配，利用生物对环境的影响，使有限资源合理利用，增加转化固定效率，减少资源浪费，是提高人工生态系统效益的关键。遵循这一原理，在黄土高原生态恢复中，考虑各种群的生态位，选取最佳的植物组合，是非常重要的。如"乔、灌、草"结合，就是按照不同植物种群地上地下部分的分层布局，充分利用多层次空间生态位，使有限的光、气、热、水、肥等资源得到合理利用，同时又可产生为动物、低等生物生存和生活的适宜生态位，最大限度地减少资源浪费，增加生物产量，从而形成一个完整稳定的复合生态系统。

（十）干扰与演替原理

群落的自然演替机制奠定了恢复生态学的理论基础。演替有原生演替和次生演替两种基本类型。发生哪一种类型，是由演替过程开始时土壤条件所决定的。一般来说，生态演替是可预见、有秩序的变化系列。在演替过程中，一个生态系统被另一个生态系统所代替，直到建立起一个最能适应那个环境的生态系统。生态演替可看作是在外界压力不复存在之后，生态系统所经历的一系列恢复阶段。对受损生态系统恢复过程的关键性理解之一，就是被干扰后演替的最终结果和它们与正常演替的关系。自然干扰作用总是使生态系统返回到生态演替的早期阶段。一些周期性的自然干扰使生态系统呈周期性演替现象，成为生态演替不可缺少的动因。人为活动的干扰仅仅是将一个生态系统位移到一个早期或更为初级演替阶段，还是它从开始就是与自然干扰所发生的演替明显不同的类型？实践表明，这两类干扰的结果是明显不同的。干扰如果很严重，使环境变化如此剧烈，以致演替向新的方向进行，永远也不能重建原来的顶极群落了。当干扰持续到生态系统接近死亡阶段时，恢复与重建可以使其在某些水平上恢复平衡，但与原来的正常状态不同，天然恢复过程是要经历很长时间的，在严重干扰后，需要的时间更长。生态演替在人为干预下可能加速、延缓、改变方向以致向相反的方向进行。究竟朝哪个方向进行，取决于人类的行为。

二、水土保持生态修复的基本原则

水土保持生态修复要求在遵循自然规律的基础上，通过人类的作用，根据技术上适当、经济上可行、社会能够接受的原则，使受害或退化的生态系统重新获得健康并有益于人类生存与生活的生态系统重构或再生的过程。水土保持生态修复的基本原则有以下几方面。

（一）生态学为主导的原则

水土保持生态修复的基础依据是生态学的理论及原理，进行水土保持生态修复时，需要坚持以生态学为主导，遵循生态学的规律以及原则。自然法则是生态系统恢复与重建的基本原则，也就是说，只有遵循自然规律的恢复重建才是真正意义上的恢复与重建，否则只能是背道而驰，事倍功半。只有在充分理解和掌握了生态学的理论和原则的基础上，才能更好地处理生物与生态因子间的相互关系，了解生态系统的组成以及结构，掌握生态系统的演替规律，理解物种的共生、互惠、竞争、对抗关系等，从而更好地依靠自然之力来恢复自然。

（二）自然修复为主、人工干预为辅的原则

黄土高原生态修复要充分利用生态系统的自组织功能。当外界干扰未超过生态系统的承载能力时，可以按照自组织功能依靠自然演替实现自我恢复目标。当外界干扰超过生态系统的承载能力时，则需要辅助人工干预措施创造生境条件，然后充分发挥自然修复功能，使生态系统实现某种程度的修复。

（三）流域整体修复的原则

水土保持生态修复属于小流域综合治理中对生态修复理论以及技术的应用，以提升生态系统自我修复能力来加快水土流失的治理步伐。因此，对小流域治理中的生态修复，需要以流域为单位，从整体设计上保持生态修复的布局。与此同时，由于流域与上游以及下游之间有着紧密的联系，为了使生态修复效果更佳，将流域作为一个单元进行规划设计是一个必要的措施。

（四）因地制宜原则

我国是一个领土面积广阔的国家，不同的地区自然条件差别较大，在降水量、水土流失强度、林草覆盖率、人口以及社会经济条件等方面都有很大的差别。因此，生态修复的措施上也有一定的区别。由此可见，在一个地区的成功实例，并非完全适宜另一个地区，机械、教条地应用无法达到治理的效果。在进行水土保持生态修复工作中，需要根据当地的实际情况，通过认真分析、研究植被恢复的特点，从而选择适宜的生态修复技术及方法，促进生态修复工作的顺利开展。

（五）生态修复措施和工程措施相结合的原则

水土保持生态修复措施并不能将传统的以及成功的水土保持措施完全替代，一些比较成功的水土保持工程措施在治理水土流失方面发挥着极其重要的作用，如坡面水系工程、经果林建设工程。水土保持生态修复作为治理水土流失的新技术以及新手段，使传统水土流失质量得到进一步完善，在生态修复规划以及设计中，需要将生态修复措施和工程措施相结合，从而使水土保持工作得到最佳发挥。

（六）工程措施和非工程措施相结合的原则

在应用传统的坡面水系工程、经果林建设工程等措施进行水土保持生态修复的同时，还应采取相应的非工程性措施。政策保障以及公众支持是水土保持生态修复工作顺利开展的必要前提。有效地开展封禁措施、退耕还林（草）、生态移民以及产业结构调整工作，就需要政策保障以及公众支持。这需要着重从两个方面出发：其一，加强对公众的宣传和教育，使之得到当地公众的支持以及参与，从而更好地落实修复措施；其二，这些措施的采取需要一系列的政策和机制来保证，如封禁区居民的生活保证、产业结构调整的进行、生态移民权益的保障以及退耕还林（草）后农民土地的补偿等，这些都需要有相应的非工程措施与之配合，而这些措施是生态修复工作的重要组成。

（七）经济可行性原则

社会经济技术条件是生态系统恢复重建的后盾和支柱，在一定程度上制约着恢复重建的可行性、水平与深度。虽然水土保持生态修复具有省钱且效果显著的优点，但是这并不意味着在进行水土保持生态修复规划设计中可以不考虑经济可行性的原则。所谓的经济可行性原则，是在水土保持生态修复工作中的投入既要符合当前经济发展水平，使资金的投入有可靠的保证，又要分析封禁、退耕还林（草）等水土保持生态修复手段对当地经济发展的影响。对于一些条件允许的地区可以实行严格的封禁，若条件不允许则应该从经济可行性原则出发，将修复与开发利用相结合，从而保证既能够做到经济的发展，又能够很好地保护生态环境。

（八）可持续发展性原则

可持续发展强调，要实现人类未来经济的持续发展，就必须协调人与自然的关系，努力保护环境。而作为人类生存和发展手段的经济，其增长必须以防止和逆转环境进一步恶化为前提，停止那种为达到经济目的而不惜牺牲环境的做法。但可持续发展并不反对经济增长，反而认为，无论是发达地区还是贫穷地区，只有积极发展经济，才是解决当前人口、资源、环境与发展问题的根本出路。

三、水土保持生态修复的目标

根据生态系统的特点，具体要恢复的生态系统可以归结为以下四个方面的功能。

（一）恢复生态功能

每一个自然生态系统都有它所特有的生态功能，或者涵养水源，或者保持水土，或者防风固沙等。首次，恢复其生态功能是修复它的这个生态过程，让它的生态进入一个正常的循环过程，如良好的水循环。其次，恢复其状态功能修复它的生态结构，也就是修复成一个完整的生态系统。具体而言，就是修复物种的多样性和完整的群落结构。

（二）恢复生态的可持续性

在自然变迁时，生态系统可以不断调节自身，来适应外界的变化，在此过程中动植物情况有所交替，但是生态系统整体不会受到破坏。正如倒了一棵树，还会长出来，同时周围的植物也会覆盖这块地。而且，病虫害也不会大规模暴发，生态系统内部物种繁多且复杂，这就使得它的抵抗能力增强，不容易被单一的病虫害摧垮。

（三）生态的自我恢复能力

生态系统的自我修复能力指的是其自我调节和自我修复的能力。当生态系统受到干扰或破坏时，它会通过自身动态平衡机制恢复到原来的状态或达到一种新的平衡状态。这种自我修复能力使得生态系统能够保持其生物多样性和生态功能，确保其能够持续地为人类提供生态服务。

（四）修复生态系统特有的文化和人文特色

地理位置的不同决定了生态系统自然状况的不同，这也决定了当地物种的类型和当地人的生活习惯。修复的生态系统只有与人和自然两个方面相符合，才能最终达到一个健康生态系统的目的。

四、水土保持生态修复范式运行的内在机制

黄土高原通过人工措施，使受损生态系统恢复合理的结构和功能，使其达到能够自我维持的状态。近年来，黄土高原各地实行的"封山育林、封山禁牧、建立自然保护区"等措施在增加地表覆盖、控制水土流失等方面起到了良好效果，使人们逐步认识到通过不同时段的人工诱导，生态系统自身可以修复被破坏的现状，控制环境进一步恶化，达到费省效宏的效果，甚至优于同类型条件下的人工高度治理的流域。为此，水利部在总结多年来水土保持实践经验的基础上，对水土保持生态建设提出了新的思路，即在水土保持生态环境建设中，坚持人与自然和谐共处的理念，充分利用和发挥生态系统的自我修复能力，以加快植被恢复，加强植被保护和增加植被覆盖为基础，积极开展综合治理，实施大面积生态恢复，实施生态自我修复与人工治理相结合的方式，即大封育小治理的水土流失防治范式，加快水土流失治理的步伐。水土保持生态修复范式运行的内在机制如下。

（一）生态修复范式运行中的动力机制

"任何系统的运转都离不开动力的支持，没有动力的支持则系统难以运转。"水土保持生态修复范式作为一个将各种要素组装起来的系统，其运转过程中必然需要一定的推拉动力（包括内动力和外动力），否则，就难以成为一个有价值的范式。动力机制对生态系统恢复范式而言，就是在一定影响范围内，要对每一个影响可持续发展的具体因子给予关注，并且要有关注的动力，使之具有主动性。从主体因素来看，水土保持生态修复范式运转所需要的动力主要来源于黄土高原地区的各个主体对生活水平目标提高的追逐，对环境改善程度增大的希望和对经济不断发展及社会不断文明的期盼。而这些目标的实现，是一个耗费能量的过程（精神能和物质能），需要源源不断的能量补给。这种存在于能耗与能补之间的关系及其确保这种关系的协调发展便成为动力机制运转的核心。

对于黄土高原地区生态系统恢复主体来说，动力机制的运转能否顺畅，首先涉及是否能够保证农民收入和地方财政在一个可以预见的未来有所增长。当然，不管是农民个人，

还是地方政府群体，其水土保持生态修复范式的方式及收入增长的来源渠道可以有多种，如直接增加产品产出，外部或上级主体的投资或资金拨入等。因为，这关系到区域内部主体的积极性问题，即动力生成问题，如果不能存在一个预期，或者不能出现一个理想的预期，则造成对区域主体缺乏刺激或者刺激不够而导致动力衰减，并由此而最终影响黄土高原地区水土保持生态修复范式的运转。因此，在水土保持生态修复范式中，其动力机制运转的关键在于采取多种措施来不断地培育动力，运用正确的方式来不断增强对区域主体的刺激（正的刺激或负的刺激），使之能够确保生态系统恢复范式运转所耗费的能量补给，从而保障黄土高原地区水土保持生态修复范式的顺畅。

（二）生态修复范式运行中的协调机制

水土保持生态修复范式作为一个系统，是由许多个不同的子系统组成的，如从构成模块来看，就有环境子系统、经济子系统、社会子系统等；从能量传输关系看，又有投入子系统和产出子系统。而在每个子系统内，也存在许多个不同的单元，如在经济子系统内，就有农业经济单元、工业经济单元和商业经济单元等；在投入子系统内，也存在物质要素投入单元和劳动力要素投入单元等。而每一个单元又存在许多个不同的部件，如农业经济单元中，有种植业生产、畜牧业生产和林业生产等。因此，要保持范式的良好运转，则各个部件、单元或者子系统之间就必须相互协调、密切配合，使之成为一个有机的整体。事实上，水土保持生态修复范式作为一个开放型的系统，是一个有机的整体，其内部的各个子系统、单元或部件之间毫无疑问地存在互相依存、互相联系的高度"关联性"。范式系统内的各个组成要素之间的联系不是简单的拼凑和组装，而是通过分工与协作，把各个功能相异的构成要素组装成一个具有完整功能的、能够有利于实现当地可持续发展目标的系统。其要素、部件、单元及子系统之间的分工是紧紧围绕着当地可持续发展目标的实现所做出的分工，其相互协作也是由此而进行的相互配合，是对分工的一种落实。以资源利用子系统各个要素之间的分工关系建立的基础，也是实现其相互之间有机配合和密切协作的关键。因此，建立和完善生态系统恢复范式运转中的协调机制，对增强范式的功能和提高范式的运转效率具有重要意义。

（三）生态修复范式运转中的自修复机制

修复机制是指水土保持生态修复范式系统在推广或者运转过程中，由于外部环境与条件的变化，使得原有的或者既定的范式在某些方面因不能适应这些新的变化而自我做出的适当调整，使之在符合或者遵循自身内在演变轨迹的情况下，职能更加完善，作用更加强大。自修复机制的建立反映了事物发展过程中的动态演变规律，又说明了同类区域里的不同地域之间存在的一定差异，是既定范式在推广过程中对外在变化的一种本能反应，因而成为水土保持生态修复范式运转过程中的内在要求。

基于各种自然（如自然环境的变化等）和社会的原因（如技术的进步、生产力水平的提高和生产关系的变革等），社会经济系统总是处于不断变化的状态。水土保持生态修复范式作为一种特殊的社会经济系统，自然也会在周围环境与条件的发展变化过程中呈现出一个动态演进的状态。而这种演进的过程不能离开水土保持生态修复范式的本质特点来进行，必须依循其内在的固有轨迹来展开。为此，在水土保持生态修复范式的运转过程中，就必须构造和建立一种能够完成这种使命的机制。

建立水土保持生态修复范式运转中的自修复机制，主要存在两个方面的原因。

从横向看，在同样一个类型区域，如西北的黄土高原丘陵沟壑区，尽管大的地形地貌相似，自然条件趋同，但各个县域之间仍然存在一定的差异，或者是微气候条件上的差异，或者是社会经济发展水平上的区别，或者是文化背景与风俗习惯上的不一，这就使一个既定的范式不能完全照搬照套，而应该根据当地的具体情况对范式做出适当的调整，使之更加符合推广地区的实际。如峁状丘陵沟壑区和梁状丘陵沟壑区同属于黄土高原丘陵沟壑区，但又有事实上的区别。

从纵向看，事物发展的动态性特征更加明显，尤其是生产力水平的不断提高和生产关系的不断调整，更是对一个范式成功与否的严峻挑战。如果范式不能对此做出自我调整和自我适应，那么该范式的生命力将十分有限。当然，在自我调整与自我修复的过程中，其方式和方法可以是多种多样的，如在范式内部引入新的成分，或者分化出新的子系统，或者增加新的要素等。总之，要运用一切办法使范式能够得以正常运转，并且保持在一个高效和富有生机的运转状态。

（四）水土保持生态修复范式的发展

我国地域辽阔，各地区之间地形地貌、经济社会条件和农业资源差异很大。因此，因地制宜地选用适宜的生态系统恢复范式就显得十分重要。目前，我国生态系统恢复范式在广大农民群众实践探索中积累了丰富的经验，且种类繁多。国内生态系统恢复范式虽然较多，但尚没有系统的并已被人们广泛接受的定义。但无论如何表述和解析，其本质是基本一致的。生态系统恢复范式主要是指通过吸收和总结国内外生态系统恢复与重建的经验和教训，总结植物种类之间合理的组合与搭配，形成多功能复层的植物群落，通过合理开发和综合利用林草资源，建立协调和谐的生态系统，以提高各种资源的产出率和利用率；通过合理运用自然界的转化循环原理，建立无废物、无污染的生存环境；通过采用先进技术与工艺，对农林牧渔产品进行加工与利用，实行种养、加相结合，建立增产增值的生产流程；通过农业生态系统的结构设计和工艺设计，达到最大限度的适应，巧用各种环境资源，增加生产力和改善环境。

黄土高原由于气候、地域、人口、资源等因素的影响，呈现水土流失严重、景观破碎、土地退化、农业生态系统生产力低而不稳、天灾人祸频繁发生等严重的生态问题。这些因素严重制约着区域的可持续发展。因此，应坚持自然恢复理念，进行退化生态系统恢复技术与范式的集成，以重建区域生态系统。

黄土高原生态系统恢复范式，既具有针对性，便于概括归纳和清晰内部结构，又能够赋予较强的操作性，使得范式及其整体运作方式、框架结构等在向外推展的过程中更加容易和富有价值。黄土高原的可持续发展在范式的建造上，除了需要归纳综合性的共性特性以外，还要因地制宜地总结个性特点，以便在未来的范式推广过程中，制定和选用针对性的具体措施，使之更加符合微观区域特征。

第六章　水土保持生态护坡技术

第一节　铺草皮护坡与液力喷播植草护坡

一、铺草皮护坡

（一）概述

铺草皮是常用的一种护坡绿化技术，是将已培育且生长优良的草坪，用平板铲或起草皮机铲起，运至须绿化的坡面，按照一定的大小、规格重新铺植，使坡面迅速形成草坪的护坡绿化技术。

铺草皮是一种植被快速恢复方法，移植完毕后就可以在坡面形成植被覆盖，基本不受时间和季节限制，只要给予适当的管理，在一年之中的任何植物生长季节都可以移植。

草皮根据移植方式分为草皮块和地毯式草皮卷。

（二）技术特点

同直接撒播草种护坡相比，铺草皮护坡具有以下特点。

1. 成坪时间短

草种从播种到成坪所需的时间较长，一般需要1~2个月。采用平铺草皮方法，可实现"瞬时成坪"，因此，对于亟须绿化或植物防护的边坡，铺草皮是首选方法。

2. 护坡功能见效快

植物的防护作用主要通过它的地表植被覆盖和地下根系的力学加筋来实现，草坪在未成坪前对边坡基本起不到防护作用。铺草皮由于可即时实现草坪覆盖，因此，依靠其地表覆盖，在一定程度上可减弱雨水的溅蚀及坡面径流，降低水土流失，迅速发挥护坡功能。

3. 施工季节限制少

植物发芽都需要适宜的温度条件。冷季型草种的适宜播种季节是早春和夏末秋初，最适宜的气温为15~25℃；暖季型草种最适宜的播种季节是春末秋初，适宜的气温为20~

25℃。受季节限制的植物播种施工，草种的发芽率、生长都受到影响。平铺草皮则不存在此限制，一般除寒冷的冬季外，其他时间都可施工。

4. 前期管理难度高

新铺的草皮，容易遭受各种灾害，如病虫害、缺水、缺肥等，因此，在新铺草皮养护期间，必须加强管理。

（三）草皮生产技术

1. 普通草皮生产

一般选择在交通方便、便于运输、土壤肥沃、灌溉条件充足的苗圃地或农耕地作为普通的草皮生产基地。

经过翻耕、平整、播种等作业和播后的洒水、施肥、病虫害防治等管理，一般在45~55d就可成坪出圃。普通草皮出圃多采用平板铲，也可用起草皮机。

普通草皮生产由于播种的草种、播种作业和管理等的一致性，便于规模较大的生产作业，形成草皮生产基地。它的不足之处是需要占用较好的田地，起草皮需要带走一定厚度的表土等。

2. 地毯式草皮生产技术

地毯式草皮生产，是以草种或其根茎，均匀撒播在采用无纺布、塑料薄膜、聚丙烯编织片及其他材料做垫层的种植床上，经过培育形成草皮卷出圃。与普通草皮生产相比，地毯式草皮生产具有以下特点。

一是对场地条件要求不严格，只要阳光充足，有水源供应即可。

二是投产容易，生产期较短，出圃快，在育苗期由于根系向地生长受阻，只能横向生长，迅速互相交织成网，形成根团，有利于成卷出圃。

三是草块使用率高，而且起苗、运输、铺装方便。

四是施工不受季节限制，甚至在草苗生长抑制期仍可施工，由于地毯式草皮的根系保持完整，容易使草坪恢复生机。

地毯式草皮生产工艺如下。

（1）草种的选择

要选择适应当地气候条件的草坪草种，同时要注意种子的含水率、净度和发芽率等种子的质量条件。若采用根、茎直播，播种前，首先采集具有2~3节间的健壮的匍匐枝和根茎。

（2）垫层材料

生产地毯式草皮，首先要正确选用垫层材料。垫层材料包括无纺布、塑料薄膜、聚丙烯编织片、尼龙网、纱布、旧报纸、炉碴、沙、珍珠岩、锯末、稻壳等。无论何种材料，都应具有成本低、渗透性好、空隙多等特点。比较理想的垫层材料有无纺土工布、聚丙烯编织片等。

（3）营养上的配制

在垫层上培育草皮须使用一定厚度的营养土，用来固定草根、匍匐茎，并提供给草皮生长所需的养分、水分。配制营养土的原则如下。因地制宜，就地取材；保水、保肥，具有良好的渗透性、通气性；土壤肥力较高，质量轻。

（4）坪床加工

首先，将计划培育地毯草皮的地块翻耕、耙细、平整；其次，用无纺布或已打好孔的聚氯乙烯地膜、聚丙烯编织片等垫层材料铺在平整的床面上；最后，上铺营养土，以备播种。

营养土厚度为 2.0~2.5 cm，营养土应均匀覆盖，用木耙平耙搂平播种。为防止虫害，应进行土壤处理，施用敌百虫、味喃丹等制成的毒土撒入床面。

（5）播种

播种前须进行种子消毒灭菌，特别是灭除真菌性病害，可采用多菌灵或百菌清等。可用50%多菌灵可湿性粉剂，0.5%溶液，或70%百菌清可湿性粉剂，0.3%溶液，浸泡种子24 h后捞出，沥水后播种。

播种方法及播种量：可采用单一品种或多品种混播，一般采用人工播种或小型播种机播种。播种量根据草种的千粒重、纯净度、发芽率等确定，用量过多，出苗后密度高，通风透气差，易受病害；用量过少，形成草皮的密度低，质量降低，不能全覆盖。一般草地早熟禾用量为15~18 g/m²，高羊茅为25~30 g/m²。播种后须覆土5~10 mm。若用根、茎直播，播种前先采集具有 2~3 节间的健壮匍匐枝和根茎，放在阴凉处备用并洒水防止干枯，按500~700 g/m²的用量，将草茎均匀地撒在垫层材料上，并及时覆盖2.0 cm厚的营养土。覆盖营养土时防止将草茎全部埋于土下，要有1/3左右的草茎露出营养土。覆土后用木板轻拍压实，增加草与营养土的接触面。

为减少侵蚀并为幼苗生长发育提供一个较湿润的生境，减少地面板结，对床面用稻草、草帘、秸秆等材料覆盖。

（6）养护管理

①洒水

播后洒水是培育地毯式草皮的关键措施之一。因营养土和土壤之间有垫层间隔，地下水的补给能力差，需要洒水，保持床面湿度。宜用喷灌强度较小的喷灌系统，以雾状喷灌为宜。前期洒水应多次少量。随着新草坪草的发育，草苗在三叶期以后，洒水的次数逐渐减少，但每次的洒水量则增大。

②适量揭除覆盖物

当草苗基本出齐后，应及时揭去覆盖物，为防止烈日将幼苗晒枯，应在阴天或在傍晚揭除覆盖物。

③追肥

草坪草出苗后 20~25 d 左右，根据植株发育情况、叶色表现，因地制宜补施氮肥和氮磷复合肥。一般生长前期以追施氮肥为主，生长中期以氮磷复合肥为主，少量多次。

④防除杂草

杂草的生长将抑制草坪植株的生长，影响草坪的成坪速度，应在早期采用人工拔除与化学防除相结合的方法防除杂草。

⑤修剪

适时修剪不仅能使草坪整齐、美观，而且能促进草坪植物的新陈代谢，改善密度和通气性，减少病虫害的发生，还可以有效抑制生长点较高的阔叶杂草。

⑥防治病虫害

首先应利用各种措施改变草坪的生态环境条件，控制病原物的存活、繁殖、传播。当草苗发生病害时，应根据病害类型及时用药治疗。

（四）设备与材料

1. 主要设备

平铺草皮护坡并不需要专用设备，通常情况下使用锹、镐、锤等各种常规工具即可进行。

2. 主要材料

平铺草皮使用的主要材料有普通草皮块或地毯式草皮卷、固定草皮块或草皮卷用的尖桩（竹扦、木棍、锚钉、锚杆等）、过筛土壤、肥料、土壤改良剂等。

（五）适用条件及施工工艺

1. 适用条件

根据铺草皮护坡在国内不同地区、不同类型边坡的应用经验，初步确定其适用约束条件，包括以下几方面。

（1）应用地区

各地区均可应用，但在干旱、半干旱地区应保证养护用水的持续供给。

（2）边坡状况

类型：主要适用于各类土质边坡，对于采取土壤重建措施后的岩质土边坡和岩质边坡也可应用。

坡度：一般缓于 1∶1.0，局部可不陡于 1∶0.75。

坡高：一般不超过 10m。

稳定性：稳定边坡。

（3）施工季节

春季、夏季和秋季均可施工，适宜施工季节为春秋两季。

2. 施工工艺

（1）工艺流程

施工准备→平整坡面→准备草皮→铺草皮→前期养护。

（2）施工方法

①平整坡面。清除坡面所有石块及其他一切杂物，翻耕 20~30 cm，若土质不良，则须改良，增施有机肥，耙平坡面，形成草皮生长床，铺草皮前应轻震 1~2 次坡面，将松软土层压实，并洒水润湿坡面，理想的铺草皮土壤应湿润而不是潮湿。

②准备草皮。在草皮生产基地起草皮。起草皮前一天须浇水，一方面有利于起草皮作业，另一方面也保证草皮中有足够的水分，不易破损，并防止在运输过程中失水。草皮切成长宽为 30 cm × 30 cm 大小的方块，或宽 30 cm、长 2.0 m 的长条形，草皮块厚度为 2~3 cm。为保证土壤和草皮不破损，起出的草皮块放在用 30 cm × 30 cm 的胶合板制成的托板上，装车运至施工场地；长条形的草皮可卷成地毯卷，装车运输。

有条件的地方，可采用起草皮机进行起草皮，草皮块的质量将会大大提高，不仅速度快，而且所起草皮的厚度均一，容易铺装。

草皮卷和草块的质量要求：覆盖度为 95%以上，草色纯正，根系密接，草块或草皮卷周边平直、整齐，以草叶挺拔鲜绿为标准。

③铺草皮。铺草皮时，把运来的草皮块顺次平铺于坡面上，草皮块与块之间应保留 5 mm 的间隙，不能重叠，以防止草皮块在运输途中失水干缩，遇水浸泡后出现边缘膨胀；块与块间的间隙填入细土。铺草皮时应尽量避免过分地伸展和撕裂。若是随起随铺的草皮块，则可紧密相接。

铺好的草皮在每块草皮的四角用尖桩固定，尖桩为木质或竹质，长 20~30 cm，粗 1~

2 cm。钉尖桩时，应使尖桩与坡面垂直，尖桩露出草皮表面不超过 2 cm。每铺完一批草皮，要用木锤把草皮全面拍一遍，以使草皮与坡面密贴。在坡顶及坡边缘铺草皮时，草皮应嵌入坡面内，与坡缘衔接处应平顺，以防止水流沿草皮与坡面间隙渗入，使草皮下滑。草皮应铺过坡顶肩部 100 cm，坡脚应采用砂浆抹面等进行处理。

为节省草皮，可采用间铺法和条铺法。

间铺法：草皮块可切成正方形或长方形，铺装时按照一定的间距排列，如棋盘式、铺块式等。此种方法铺草皮时，要在平整好的坡面上，按照草皮的形状和厚度，在计划铺草皮的地方挖去土壤，然后镶入草皮，必须使草皮块铺下后与四周土面相平。经过一段时期后，草坪匍匐茎向四周蔓延直至完全接合，覆盖坡面。

条铺法：将草皮切成 6~12 cm 宽的长条，两根草皮条平等铺装，其间距为 20~30 cm，铺装时在平整好的坡面上，按草皮的宽度和厚度，在计划平铺草皮的地方挖去土壤，然后将草皮嵌入，保持与四周土面相平。经过一段时间后，草皮即可覆盖坡面。

草皮卷和草皮块的运输、堆放时间不能过长，未能及时移植的草皮要存放在遮阴处，注意洒水保持草皮湿度。

④前期养护

洒水：草皮从铺装到适应坡面环境健壮生长期间都须及时洒水，且每天均须洒水，每次的洒水量以保持土壤湿润为原则，每日洒水次数视土壤湿度而定，直至出苗成坪。

病虫害防治：当草苗发生病害时，应及时使用杀菌剂防治病害。使用时，应掌握控制适宜的喷洒浓度。为防止抗药菌丝的产生，使用杀菌剂时，可以用几种效果相似的杀菌剂交替或复合使用。对于常发生的虫害如地老虎、草地螟虫、黏虫等，可采用生物防治和药物防治相结合的综合防治方法。

追肥：为了保证草苗能茁壮生长，在有条件的情况下，可根据草皮生长需要及时追肥。

二、液力喷播植草护坡

（一）概述

液力喷播技术是将草种、木纤维、保水剂、肥料、染色剂等与水的混合物通过专用喷播机喷射到预定区域建植成坪的高效绿化技术。由于其喷出的混合浆液具有很强的附着力和明显的区分色，可不遗漏、不重复地将种子喷射到目的位置，在边坡坡面形成一种均匀的毯状覆盖层。覆盖层依靠纤维的交织性和溶液的黏性相互连接并与土壤紧密结合，使植物种子紧紧黏附于坡面上，保水剂和其他营养元素能不断地为种子发芽提供所必需的水分和养分。

液力喷播技术是融工程力学、生物学、土壤学、高分子化学、园艺学、生态学等学科为一体的综合环境治理技术，其核心是通过各种物质的科学配置，在治理坡面上营造一个既能让植物生长发育，又不被冲刷的多孔稳定结构（种植基质），大大改进了草坪建植方法，使播种、覆盖等多种工序一次完成，提高了草坪建植的速度和质量，同时，又能避免人工播种受大风等影响作业的情况，克服不利的自然条件的影响，满足不同自然条件下草坪建植的需求。它的出现标志着工程绿化和植被护坡工程从人工建植时代开始走向机械建植时代，并为客土喷播、厚层基质喷播、连续纤维加筋土喷射等难度更高的机械建植技术的产生奠定了理论基础和技术基础。

（二）技术特点

液力喷播植草是一种高速度、高质量和现代化的绿化技术，可在坡面形成比较稳定的坪床面，营造良好的生长条件，保证草种正常发芽。该技术具有以下特点。

1. 机械化程度高

液力喷播施工机械化程度很高，采用专用设备，且自重较大，一般需要车载移动，对行车条件和作业规模有一定要求。对于偏僻的零星边坡施工，液力喷播难显其优势。

2. 技术含量高

液力喷播植草专业化程度高、技术含量高。针对不同的土质坡面，需要专业人员配制合理的添加剂组分配方，来补充土壤所需的各种养分，达到均匀改良土壤表层理化状况的目的。并且，液力喷播植草解决了传统人工播种方法所遇到的技术难题，如草籽受风力影响漂移、陡坡播种困难、种子易受降雨冲刷流失等问题，实现了草种混播、着色、施肥、播种、覆盖等多种工序一次完成，在最大风力5级的情况下，也不影响喷播的效果。

3. 施工效率高，成本低

液力喷播在混合搅拌和输送喷射两个环节上能大幅度提高工作效率、降低劳动强度，这是决定喷播技术实施效果和效益的关键技术。液力喷播可大量减少施工人员和投入，如铺 10 000 m² 草皮需要 77 个工作日，而液力喷播 1 台喷播机仅需 1~2 d，且成本单价不高。因此，液力喷播植草是一项低投入、高产出的技术。

4. 成坪速度快，草坪覆盖度大

由于液力喷播植草使种子和肥料等均匀地搅拌在一起，种子和幼苗能够充分和有效地吸收养分、水分。因此，种子萌发和幼苗生长迅速，成坪速度快，草坪覆盖度大。与人工植草相比，在相同坡度条件下液力喷播植草的成坪时间缩短 20~30 d，覆盖度提高 30%。

5. 草坪均匀度高，质量好

由于液力喷播的混合液搅拌均匀，喷播的速度也一致，因此，采用喷播建植的草坪均匀度很高。

（三）设备与材料

1. 主要设备

喷播机主要由动力部装置、容罐、搅拌装置、水泵和喷枪等几个部分组成。

（1）动力装置

动力装置是喷播机的核心部件。发动机一般采用柴油发动机或汽油发动机。发动机动力一方面带动马达，驱动罐内搅拌机进行机械搅拌；另一方面带动水泵，进行罐内循环，并在罐内物料混合均匀后送入喷枪，进行喷播作业。

（2）容罐

容罐可以承装混合物料。罐体容量的大小决定额定释放时间和喷播面积。

（3）搅拌装置

为使物料能充分混合，采用桨叶式搅拌器进行机械搅拌。有的喷播机为使搅拌更充分，除采用桨叶式搅拌器外，在容罐内还设有污水泵，进行罐内循环，实现双重搅拌。

（4）水泵

将罐内混合的物料压出罐外。目前，国际上用于非均质混合浆液输送的有离心泵、蠕动泵、螺杆泵、柱塞泵等几种形式。离心泵在流量、体积、质量方面具有优势；柱塞泵在出口压力、垂直输送高程、浆液浓度方面具有优势；蠕动泵和螺杆泵技术性能介于两者之间，而蠕动泵在流量、体积等方面比螺杆泵具有优势。一般采用具有较宽泛的综合适应性的、有一定吸程和扬程的离心泵。

（5）喷枪

其作用是将容罐内的混合物料均匀地喷播到坡面上。喷枪的性能结构和制造质量直接影响喷播的质量。

2. 主要材料

喷播材料的性能好坏是影响喷播质量的关键因素。喷播材料在土壤表面形成的喷播层，是草种迅速萌芽、生长的重要保证。喷播材料需要满足以下三点要求：首先，应具有良好的稳定性，能牢固地附着在边坡表面，有效防止因风吹和雨水冲刷而脱落；其次，应具有良好的吸水、保水和保肥的性能，使喷播时的水和肥料不易顺坡流失，当浇水或下雨时能再吸水，并能防止喷播层中的水分过快蒸发，使草种在生长初期始终处于湿润状态；最后，喷播材料应无毒害性，保证对草种、幼苗无害，对环境无污染。

（1）草种

草种的选择合理与否关系到喷播植草的成败。应根据气候区划进行草种选型，草种应具有优良的抗逆性，并采用两种以上的草种（含同种不同品种）进行混播。堤坝边坡喷播草种宜采用低茎蔓延的草类，不应采用茎高叶疏的草类。

（2）水

水作为主要溶剂，将各种材料进行溶合，是液力喷播物的载体。

水的使用量与和纤维用量直接相关，影响到喷播覆盖面积和喷播质量。在水量一定的条件下，随着纤维用量的逐步增加，覆盖面积也会加大，但是超过一定比例后，由于纤维用量增加，悬浊液的稠度也增高，喷播面积反而会逐步减小。因此，水和纤维是两个互相影响的重要因素，纤维量过多，不仅浪费材料，而且影响喷播效果；纤维量过少，虽然可以节省材料，但达不到应有的覆盖面积和绿化效果。

（3）木纤维

木纤维是指天然林木的剩余物经特殊处理后的成絮状的短纤维，这种纤维经水混合后成松散状、不结块，给种子发芽提供苗床的作用。水和纤维覆盖物的质量比一般为 30∶1，纤维的使用量平均为 45~60 kg/亩，坡地为 60~75 kg/亩，根据地形情况可适当调整。

为提高木纤维间的交织性能，加工时纤维的长短和粗细比例应达到合适的纤维分离度，从而保证喷播层有良好的性能。为此，加工纤维时应搭配选用一定量的针叶树种原料。

选用造纸厂的纸浆作为木纤维的代用材料时，应注意可能有以下弊病：纸浆中可能含有对草种萌芽、生长有害的因素，如 pH 值过高；纸浆纤维过于短细，易造成喷播层交织性不好，并会产生板结现象；吸水、保水性能变差，在浇水和下雨时不易吸水，水分易蒸发，且在发干后产生"结壳"现象，会使草种萌芽、生长困难，甚至干死；另外，纸浆因含水率过高，给供应、包装、运输和施工带来诸多麻烦。

泥炭土是喷播可选的另一种材料，它也可以和木纤维按一定的配比混合使用，用于含有泥炭土的喷播层，较用纯木纤维具有更优良的附着和保水性能，它可在土壤层较薄且非常瘠薄，甚至风化岩的坡面上进行喷播。

（4）保水剂

保水剂是一种交联密度很低、不溶于水、高水膨胀性的高分子化合物。由于它具有自身数十倍乃至数千倍的高吸水能力和加压也不脱水的高保水性能，因此，在农林、园艺、环保、医疗等方面应用极为广泛。保水剂按原料来源可分为以下六类。

一是淀粉系列，包括淀粉接枝、羧甲基化淀粉、磷酸酯化淀粉、淀粉黄原酸盐等。

二是纤维素系列，包括纤维接枝、羧甲基化纤维素、羧丙基化纤维素、黄原酸化纤维素等。

③合成聚合物系列，包括聚丙烯酸盐类、聚乙烯醇类、聚氧化烷烃类、无机聚合物类等。

三是蛋白质系列，包括大豆蛋白、丝蛋白类、谷蛋白类等。

五是其他天然物及其衍生物系列，包括果胶、藻酸、壳聚糖、肝素等。

六是共混物及复合物系列，包括高吸水性树脂的共混，高吸水性树脂与无机物凝胶的复合物，高吸水性树脂与有机物的复合物等。

保水剂是喷播材料中另一重要组分，一般常用合成聚合物系列，如丙烯酸、丙烯酰胺共聚物等。保水剂的用量取决于施工地点的气候、边坡状况等。

（5）黏合剂

黏合剂的主要功用是提高木纤维对土壤的附着性能和使纤维之间相互黏接，以保证喷播层抗风吹、雨冲而不脱落。黏合剂应与保水剂相互匹配而不削弱各自功能，同时也要求对草坪和环境无害。黏合剂可选用纤维素或胶液。一般为纤维质量的3%，坡度较大时可适当加大。

（6）肥料

肥料用来提供草坪植物生长所需的养分。根据土壤肥力状况，喷播时配以草坪植物种子萌芽和幼苗前期生长所需的营养元素，一般采用氮磷钾复合肥。

（7）染色剂

喷播用木纤维可事先染成草绿色，或根据需要喷播时在搅拌箱中加染色剂进行着色，纤维染色是为了提高喷播时的可见性，便于喷播者观察喷播层的厚度和均匀性，此外，亦可改善施工表面形成草地的绿色景观。喷播时亦可直接用不染色的原色木纤维，以防可能造成对环境的污染。

（8）泥炭土

泥炭土是一种森林下层的富含有机肥料（腐殖质）的疏松壤土。主要用以改善表层结构，有利于草坪的生长。

（9）活性钙

活性钙有利于草种发芽生长的前期土壤 pH 值平衡。

建议喷播材料配比如下：每平方米用水 4000 mL，纤维 200 g，黏合剂（纤维素）3~6 g，保水剂、复合肥及草种根据具体情况确定。

（四）适用条件及施工工艺

1. 适用条件

根据液力喷播植草护坡在国内不同地区、不同类型边坡的应用经验，初步确定其适用约束条件包括以下几方面。

（1）适用地区

适用区域主要为湿润区和半湿润区，且年降雨量不宜大于 800 mm；在半干旱地区若能保证养护用水的持续供给亦可使用，但要与覆盖保墒技术相结合。干旱地区不建议使用液力喷播技术。

（2）边坡状况

类型：一般用于填方土质边坡，土石混合填方边坡经处理后可用。

坡度：一般不大于 1：1.5，当坡度超过 1：1.25 时应结合其他方法使用。

坡高：每级高度不超过 10 m。

稳定性：稳定边坡。

（3）施工季节

一般施工应在春季和秋季进行，应尽量避免在暴雨季节施工。

2. 施工工艺

（1）工艺流程

施工准备→平整坡面→排水设施施工→喷播施工→覆盖保墒→前期养护。

（2）施工方法

草种使用前应测定发芽率，不易发芽的种子喷播前应进行催芽处理；其他主要材料应测定主要质量指标。

①平整坡面

边坡修整应自上而下、分段施工，不应上下交叉作业。交验后的坡面，采用人工细致整平，清除所有的岩石、碎泥块、植物、垃圾。对土质条件差、不利于草种生长的堤坝坡面，采用客土回填方式改良边坡表层土，回填客土厚度为 5.0~7.0 cm，并用水湿润，让坡面自然沉降至稳定。若 pH 值不适宜，尚须改良其酸碱度，一般改良土壤 pH 值应于播种前一个月进行，以提高改良效果。

②排水设施施工

边坡排水系统的设置是否合理和完善，直接影响到边坡植草的生长环境，对于长大边坡，坡顶、坡脚及平台均须设置排水沟，并应根据坡面水流量的大小考虑是否设置坡面排水沟。一般坡面排水沟横向间距为 40~50 m，排水沟的设置不应影响边坡稳定和植物生长。

③喷播施工

喷播前，应按照材料配比和顺序投入搅拌机内，经完全搅拌均匀后方能开始喷播（建议 20 min 为宜）。喷播枪操作手要根据浆液压力、射程和散落面大小有规律地、匀速地移动喷播枪口，保证喷播物能均匀地覆盖坡面；喷播顺序应先上后下、先难后易，喷播厚度应均匀，不得漏喷。对于干燥的坡面，喷播前应适当洒水，以增加土壤墒情。对于潮湿的坡面，应等到其土壤水分降低后再实施喷播，否则喷播物会顺坡面流失，难以与土壤黏合在一起。作业前应注意天气预报，在雨天或可能降雨时，应尽量避免喷播施工。喷播施工后的几个小时内如果有降雨，要及时采取防护措施。

喷播施工过程中应文明施工，减少对周围环境的影响。

④覆盖保墒

喷播后立即覆盖草帘子或无纺布，既可以避免草种被雨水冲刷流失，又可以实现保温保湿的作用。

⑤前期养护

洒水养护：喷播后应及时洒水养护，用高压喷雾器使养护水成雾状均匀地润湿坡面。注意控制好喷头与坡面的距离和移动速度，保证无高压射流水冲击坡面形成径流。养护期限视坡面植被生长状况而定，一般不少于 45 d。

病虫害防治：应定期喷广谱药剂，及时预防各种病虫害的发生。

追肥：应根据植物生长需要及时追肥。

及时补播：草种发芽后，应及时对稀疏无草区进行补播。

第二节 客土喷播植被护坡与三维植被网护坡

一、客土喷播植被护坡

（一）概述

客土喷播植被护坡是使用专用机械设备将植物种子、种植土、保水剂、黏合剂、团粒剂、有机质、纤维材料、肥料等材料制成混合"基材"，再均匀喷附于坡面上，形成一定厚度的营养土层，为植物生长提供基础。客土喷播创造出植物、微生物适合的初级生态平衡环境，能促进植物种子发芽、生长，使坡面植被覆盖得以恢复，并达到改善自然景观、保护环境的目的。

客土喷播特别适用于风化岩、土壤较少的软岩及土壤硬度较高的土壤边坡。对于坡度大、石质成片的坡面可借鉴锚杆钢筋喷锚的工艺，通过打锚杆、挂镀锌铁网后再喷播，同样可以达到绿化美化的目的。

客土喷播根据载体的不同，可分为干法喷播（灰料喷播）和湿法喷播（泥浆喷播）。干法客土喷播一般可以在坡面上喷成5~10 cm的客土层，如果与挂网技术相结合，其喷射的客土层厚度甚至可以达到20 cm以上，基本上能满足乔灌草各种植物生长对营养土层的要求。湿法客土喷播所形成的客土厚度较干法客土喷播要薄，一般为3~5 cm；喷射距离随泵扬程和固形物含量而不同，一般在30~50 m。

（二）技术特点

客土喷播植被护坡具有防护边坡、恢复植被的双重作用，可以取代传统的喷锚防护、块石护坡等圬工措施。客土喷播植被护坡是目前解决石质边坡绿化的最好办法，具有以下优点。

第一，综合性强，技术专业水平要求高。该技术融合了土壤学、植物学、生态学、机械学以及土木工程的基本原理，是生态技术、机械技术与土木技术的有机集成，技术专业化程度高。

第二，适用范围广。由于客土的应用，为植物根系提供了良好的生长基础，它不仅能够在土质良好的地段应用，也能在贫瘠地段和高陡边坡建立植被。

第三，机械化操作，施工效率高，所需人工少。每台设备每天可喷播上万平方米，可满足大面积快速绿化的需要。

第四，可以快速建立植被，绿化效果好。客土喷播可以构建草灌相结合的植物群落，实现立体绿化、改善景观的效果。

第五，抗雨水侵蚀性强。由于混合基材中有黏合剂、稳定剂，喷附于坡面后形成具有一定强度及厚度的面层结构，能有效防止雨水冲刷，避免种子流失。加之植物发芽及初期生长快，能在短期内发挥植物防雨水侵蚀的效能。

第六，可与工程防护方法结合应用。在边坡陡峭、基岩不稳定的条件下，可先使用格子梁、挂网及喷锚方法使边坡稳定，再客土喷播植被绿化。

（三）设备与材料

1. 主要设备

干法客土喷播设备：转子式喷射机、喷管、喷枪、搅拌机、发电机、空压机、水泵、水罐或水车、普通载重汽车。

湿法客土喷播设备：泥浆喷播机、水泵、水罐或水车、普通载重汽车。

转子式喷射机是源于瑞士转子技术的小型水泥喷混机械，通过大型空气压缩机提供的高压气流，输送干混合物质，在喷射口与雾化水混合落到作业面上。小型转子式喷射机输料管直径 51 mm，最大骨料粒径 20 mm，工作风压 0.2~0.4 MPa，耗风量 4~12 m^3/min，喷送量 3~7 m^3/h，水平输送距离 80~100 m，垂直输送距离 30~40 m。整机质量 700 kg 左右，体积小移动方便，喷射 7 cm 厚度客土层施工能力可达 200~250 m^2/d。转子式喷射机不具备搅拌功能，客土材料要事前混合好以后再送入喷射机。

湿法客土喷播使用的设备是泥浆喷射机，这种设备的构造与液压喷播机基本一致，都是由动力系统、搅拌系统、泵送系统和喷射系统构成。将客土材料和水装进储料罐中，经过机械回流搅拌，形成固形物含量（质量）超过 50% 的混合浆液（最高浓度 60%），再通过泵送系统将高浓度泥浆喷射到作业面上。泥浆喷射机自重较大，需要车载移动，由于其自带动力，不需要与空气压缩机配合使用，因此可以一边移动一边喷射施工，生产效率高。

2. 主要材料

客土植被的种植基材主要有种植土、有机质、肥料、保水剂、黏合剂、植物种子、团粒剂、稳定剂、pH 缓冲剂和水等。

（1）植物种子

首先确定边坡植被防护类型，从而选择植物种子材料并确定混播配比。一般要求护坡植物应具有如下特点：既具有较强的抗旱抗寒能力，又有良好的抗湿抗热能力，能够充分适应当地气候及地质条件。

客土喷播植物种子混播配比应选择以草本和灌木植物相结合的草灌型植被防护类型，搭配固氮保肥的豆科植物使用。混播生命力很强的灌木，可弥补只用草种的弊端，灌木根系发育，能起到较好的护坡和水土保持效果。通过多种树草种子混播，可以实现边坡全年绿色期达到半年以上，而且 2~3 年后还能逐步演替为以灌木为主的粗放型生态植被。常见的灌木护坡植物有紫穗槐、刺槐、马棘、沙棘、胡枝子、银合欢、山毛豆、荆条等，草本护坡植物有紫花苜蓿、高羊茅、多年生黑麦草、结缕草、草木樨、百喜草、沙打旺等。

在喷播前一定要对批量种子发芽率进行测定，并根据实际测定的面积，计算实际种子用量。由于灌木种皮较厚，须根据种子特性进行温水浸泡等各种催芽处理。

（2）种植土

种植土可就近取材，以天然有机质土壤改良材料为主体，混入含各种对植物生长有益的有机质和无机质材料。同时要干净无杂草，并筛除大颗粒，以便喷播使用。

（3）有机质

有机质的使用主要是增加土的肥力和保证土壤的通气性，常用泥炭土、腐叶土、堆肥、谷壳、经充分发酵的家畜肥料等。其中，泥炭土含有大量水分和未被彻底分解的植物残体、腐殖质以及一部分矿物质，其有机质含量在30%以上，质地松软易于散碎，相对密度0.7~1.05，pH值一般为5.5~6.5，非常适合营造肥沃、透水透气性好的土壤层，应用于坡面绿化，有利于提高植物出苗速度，保证出苗率。

（4）保水剂

保水剂又称吸水剂、保湿剂，是一种有机高分子聚合物，它的分子结构中有网状分子链。保水剂遇到水以后立即发生电离，离解为带正电和负电的离子，这种带正电和负电的离子和水有强烈的亲和作用，因而使其具有极强的吸水性和保水性，有利于形成植物生长的"地下水库"，增强植物体内酶的活性，提高根系活力，促进植物生根，增强植物的抗旱抗逆功能；平衡供给植物生长所需养分，保肥省肥，改善土壤的生态环境。

（5）肥料

肥料主要用化学肥料和有机肥。化学肥料多采用缓释复合肥；有机肥必须经过充分发酵，以免植物生长发育过程中产生过多病害。

（6）黏合剂

为避免风雨等自然因素对种植基材造成侵蚀，导致基材流失，必须在种植层中加入黏合剂，以促使基材与边坡黏合，增强基材本身的抗冲刷能力。同时，要求对植物种子和周边环境无害。

（7）网材

当边坡坡率大于1∶1.2时或边坡表面光滑或有冻土层时，应铺网。网材通常使用铁丝网或镀锌铁丝网，部分工程使用土工格栅。固定材料一般选用锚杆，长度和直径可根据坡度和岩性的不同进行调整。

（8）其他材料

根瘤菌剂：部分工程增施对豆科植物生长发育具有促进作用的土壤活性材料，用量为豆科种子用量的1/10。

覆盖材料：通常使用草帘和无纺布等，有的工程使用专用植生带覆盖，可有效保障绿化和景观效果。

水：就近取用无污染的河水、井水、池塘水等。

（四）适用条件及施工工艺

1. 适用条件

（1）适用地区

适用区域主要为湿润区和半湿润区。在半干旱地区若能保证养护用水的持续供给亦可使用；干旱地区不建议使用客土喷播技术。

（2）边坡状况

类型：适用于包括挖方和填方边坡在内的各类土质边坡、石质土边坡和强风化岩石边坡，如果与框格梁等方法并用，也可以用于一般岩石边坡。

坡度：不挂网的客土喷播可用于坡度在 1∶1 以下的边坡；挂网客土喷播可用于坡度在 1∶0.75 以下的边坡。

稳定性：稳定边坡。

（3）施工季节

一般施工应在春季和秋季进行，应尽量避免在暴雨季节施工。

2. 施工工艺

（1）工艺流程

施工准备→坡面清理→坡面挂网（必要时）→喷料准备→物料喷播→覆盖保护→养护管理。

（2）施工方法

由于岩石类边坡稳定程度不同，在进行边坡客土喷播植被护坡工程设计前，应首先考虑边坡的稳定情况。因为从严格意义上讲，客土喷播只能解决坡面的浅层防护问题。若坡体不稳定，则应进行必要的加固措施（抗滑桩、锚索桩、挡墙或地梁等），然后再进行相应的设计。

①坡面清理

平整坡面，对于较松动的岩石坡面，一般用人工方法进行清理坡面浮石、浮土等，遇上凹凸不平的硬质岩石坡面，要采用风凿进行施工。对于光滑坡面（岩面），可通过挖掘横沟等措施进行加糙处理，以免客土下滑。处理后的坡面倾斜一致、平整，无大的石头凸出与其他杂物存在，施工前坡面的凹凸度控制在±10 cm，最大不超过±30 cm，以利于基材和岩石表面的自然结合。

为了防止雨水冲刷喷播层，影响喷播效果及以后植物的生长效果，边坡较高时每8～10 m（垂直高度）设置一级平台（马道），并根据实际情况在坡顶、坡脚及平台适当位置设置截排水沟等排水设施。

②铺网

通常使用铁丝网或镀锌铁丝网，部分工程使用土工格栅。以镀锌铁丝网为例，铺网采用自上而下的方式，边坡顶部铺网时应向坡顶上部延展一定距离（岩质边坡宜大于1.5 m，土质边坡宜大于3.0 m），若坡顶截水沟未修筑，最好置于坡顶浆砌石底下，在坡底也应有50 cm的镀锌铁丝网埋置于平台填土中。横向和竖向相邻网之间搭接宽度为10～15 cm，网面应与坡面保持一定距离，间距宜为喷播层厚度的2/3。完工后，要严格检查镀锌铁丝网的牢固性，确保网与坡面形成稳固的整体。若坡度太大或硬质岩石坡面光滑，可在铁丝网上捆扎稻草、竹片或木桩等增加附着力。

③锚固

镀锌铁丝网要用锚杆固定在坡面上，锚杆通常可分为主锚杆和辅锚杆。主锚杆直径为φ 6 mm，锚杆长度为0.45～4.0 m；辅锚杆直径为φ 10～12 mm，锚杆长度为0.25～2.0 m，具体规格依据边坡类型而定。安装锚杆时，先放样，长锚杆与短锚杆交错并列，横、纵向间距为1～2 m，然后采用电钻或风钻钻孔，钻孔深度与锚杆长度相同。孔钻好后，便可进行锚杆的固定工作，锚杆事先要进行防锈处理，用水泥砂浆灌注，往锚孔灌注水泥砂浆时，一定要灌满、灌实，锚杆伸出坡面长度为6～8 cm。

④客土喷播

按照设计要求准备好各种物料，在施工现场混合后用于喷播使用。混合前要确认各种取料的种类和用量，并将设计用量（通常以100 m^2 喷播面积或1 m^3 客土体积为基本单位）换算成每台设备的投入量，保证各类材料的用量比例符合设计要求。干法客土喷播的物料混合时间以1.5～2.5 min为宜，湿法客土喷播的物料混合时间以15～20 min为宜。在物料混合时要注意将混在物料中的石块、木块、树枝等尺寸较大的异物挑出来，以防止这些异物堵塞喷射管或损坏喷射机械。

客土喷播时应尽可能从正面进行，凹凸部分及死角部位要喷射充分，施工时要根据边坡的岩性，合理调整喷射厚度，以保证客土能提供植物生长所需的足够的养分和水分。

干法客土喷播使用压缩空气为动力，物料喷出时压力较大，因此在操作喷枪时切不可将枪口对人，以免产生伤害。喷枪口要垂直于坡面，一般枪口距离坡面1～1.5 m，以保证物料能有足够的压力紧紧地附着在地表上。干法客土喷播的物料在喷管出口处与雾化水混合，雾化水进入喷管后到出口之间的距离最好在 2 m 以上，以保证物料与雾化水能充分混合。雾化水的使用量应根据物料的干湿程度进行调整。

工程实践表明，分层喷播比一次性喷播完成后的绿化效果明显，成本降低，即分为基质底层和种子表层。湿法客土喷播客土层厚度超过 3 cm 时，首先喷射基质底层，厚约 3 cm，待客土稳定后（10~20 min），再喷射种子层直至设计厚度（总厚度不超过 5 cm 为宜）。干法客土喷播常用做法也是分两次喷射客土，基质底层占总厚度的 2/3 左右。

⑤表层覆盖

表层覆盖可防止雨水冲刷，阻滞种子在发芽生根期的移动损失，也可部分防止水分蒸发，起保温保湿的作用。覆盖材料可选草帘、无纺布或植生带，覆盖时注意不露边口，重叠 10~15 cm，保持表面平整，用竹钉或木桩固定，两端用土压埋稳固。

⑥养护管理

根据土壤肥力、湿度、天气情况，酌情洒水灌溉，至幼苗长到 5~6 cm 或 2~3 片叶时，揭掉覆盖层。从喷播到成坪至少洒水 4 次（喷雾洒水），遇天然降雨适当减少次数。对于局部出苗效果不好的区域应进行补喷或喷栽处理。

二、三维植被网护坡

（一）概述

三维植被网，又称防侵蚀网、固土网垫、三维土工网垫，是一种呈立体拱形隆起结构的塑料网，具有较强的柔韧性。三维植被网在结构上分为基础层和网包层（均为两层或多层）。基础层为双向拉伸平面网，具有很好的贴伏性，能适应坡面变化；网包层是凹凸状膨松网包，可以减缓雨滴对地表的冲击作用，减弱降雨对土壤的侵蚀。基础层和网包层网格间的经纬线交错排布，在交接点处经热熔后相互黏结在一起，形成具有三维结构的网垫。

在边坡表面覆盖三维植被网垫，并向网垫内填充土壤、种子和肥料，形成初期的人工护坡系统。网垫对坡面起到加筋固土的作用，将覆盖土固定在三维植被网的立体空间内，贴附在坡面上。随着植物生长，枝叶可向上伸出网垫并覆盖坡面，其根系可以从网垫穿过，扎入坡体土壤内，相互缠绕，构建出具有高抗拉强度且牢固的复合力学嵌锁式立体防护系统。可有效抑制风、雨对边坡的侵蚀，增加边坡表层土体的抗张强度和抗剪强度，从而大幅度提高边坡的稳定性和抗冲刷能力，最终实现防护边坡和恢复植被。

（二）技术特点

三维植被网护坡技术具有以下特点。

第一，固土能力强。三维植被网表面有波浪起伏的网包，对覆盖于网上的客土、草种有良好的固土蓄水作用。其基础层和网包层的网格交错排布黏结，对回填客土起着加筋作用，且随着植草根系的生长发达，三维植被网、客土及植草根系相互缠绕，形成网络覆盖层，可以显著提高坡面土壤的稳定性。经试验，对于1∶1坡面，三维植被网的固土阻滞率达97.5%。

第二，抗风、雨侵蚀能力强。由于网包层的存在，缓冲了雨滴的冲击，减弱了雨滴的溅蚀，网包多层的起伏不平，使风、水流等在网表面产生无数小涡流，减缓了风蚀及水流引起的冲蚀。

第三，植生性能良好。三维植被网立体空间有利于土壤充填，网内可以大量填充各种土壤、腐殖土、堆肥和有机质等，在坡面表层形成结构合理、养分充足的植生基质层，为植物生长提供基础。同时，植被网的空间结构，可使土壤不易板结，利于植物根系发育。

第三，施工技术简单，操作方便，施工速度快，工程造价低，使用寿命长。相比客土喷播或植生基质喷播，成本降低55%以上。

第五，材料化学成分稳定，无腐蚀，对环境无污染，对大气、土壤和微生物呈惰性。

第六，生态效益好。三维植被网护坡不仅起到水土保持、美化环境的作用，还具有由植物吸收汽车尾气和噪声等功能。

（三）适用条件及施工工艺

1. 适用条件

（1）适用地区

适用区域主要为湿润区、半湿润区。半干旱地区若能保证养护用水的持续供给亦可使用。

（2）边坡状况

类型：适用于各类土质边坡，包含路堤和路堑边坡，强风化岩石边坡经处理后也可使用。

坡度：一般适用于1∶1.5以下的边坡，当坡度大于1∶1时慎用。要求每级坡高不大于10 m。

稳定性：稳定边坡。

（3）施工季节

一般施工应在春季和秋季进行，应尽量避免在暴雨季节施工。

2. 施工工艺

（1）工艺流程

施工准备→清理坡面→底土改良→铺网固定填土播种→表层覆盖→前期养护。

（2）施工方法

①清理坡面

由于开挖边坡与填筑边坡大都凹凸不平，并留有碎石、树根等杂物，为使三维植被网与边坡坡面紧密结合，对于交验后的坡面，应采用人工细致整平，填平凹坑使之尽量与坡面齐平，并清除坡面上所有的碎石、泥块、树根、垃圾及其他可能顶起三维网的阻碍物。

在坡顶及坡底部沿边坡走向开挖矩形沟槽，以便固定三维植被网。沟槽宽 30 cm，深不小于 20 cm，坡面顶沟距离坡面边缘不小于 30 cm。

此外，要根据当地降雨情况和坡面流量大小综合考虑是否需要设排水沟。排水沟要设置在坡顶、坡脚及平台处，一般坡面排水沟宽度为 40~50 cm。

②底土改良

在施工前要对坡面现有土壤进行理化性质检测，检测主要内容有硬度、pH 值、质地、营养成分、盐分等。如果坡面现有土壤条件较好，则不必进行人工改良，可对坡面适当施肥并整平耙松（深度 5 cm）。若坡面现有土质较差不利于植物生长，则应进行底土改良；回填客土厚度为 50~75 mm，并用水润湿使坡面自然沉降至稳定。若 pH 值不适宜，尚须改良其酸碱度，一般改良土壤的 pH 值应于播种前一个月进行，以提高改良效果。

③铺网固定

自上而下顺坡铺设三维网。三维网的剪裁长度应比坡长 150 cm，顺坡铺设。三维网上端应嵌入坡顶沟槽内，设钉固定后覆土压实，钉间距为 75 cm。铺网时，网垫要与坡面紧贴，防止悬空，不能产生褶皱，网与网之间的搭接长度为 10~15 cm。固定时建议采用 U 形钉，在坡面呈品字形交错分布，竖向间距 100 cm、横向间距 140 cm，如有必要可在 U 型钉之间用竹扞、大头钢钉、塑料钉等固定三维植被网，使用量为 3~4 根/m²。

④填土播种

播种前要对种子进行适当的处理，如浸泡、催芽等。

人工填土播种：将配制好的客土、植物种子、各种肥料及添加剂等搅拌均匀后，人工填入三维植被网内。为确保填土质量，应分层多次填土（忌用湿土）。第一次回填后要浇水湿透，让回填土自然沉降，防止"空鼓"现象，然后再次回填，并重复上述过程，直至整个网垫完全被土覆盖，且网包不外露、网内土壤密实。

机械喷土播种：将配制好的客土、植物种子、各种肥料及添加剂等搅拌均匀后，采用喷播机械将混合物料喷射进三维植被网中，均匀地覆盖且网包不外露。

⑤表层覆盖

覆土播种后应立即覆盖无纺布、遮阳网或草帘子，以避免阳光直射，防止雨水冲刷，利于草籽保湿保温，促进草籽发芽生长。待草籽主叶长出后，及时撤除无纺布等覆盖物。

⑥前期养护

洒水：定期洒水以满足植物生长所需，洒水次数及洒水量视坡面植被成长状况而定，一般不少于 45 d。为避免水流冲击坡面形成径流，一般用高压喷雾使养护水呈雾状均匀润湿坡面。

病虫害防治：应定期喷广谱药剂，及时预防各种病虫害的发生。

及时补播：草种发芽后，应及时对稀疏无草区进行补播。

第三节　植生带植草护坡与框格骨架植被护坡

一、植生带植草护坡

（一）概述

植生带是采用专用机械设备，依据特定的生产工艺，把草种、肥料、保水剂等按一定的密度播撒在可自然降解的植物纤维、非织造布（无纺土工布）或其他材料上，并经过机器的滚压、针刺复合定位、冷黏接等工序，形成的一定规格的带状产品。

施工时只须把植生带铺设在经过平整处理的坡面上，在温度、水分条件适宜时植生带内的种子就会发芽，其叶穿透纤维载体向上伸展，其根系向下穿透纤维载体扎入坡面土壤内，并与带基一起形成具有三维结构的土壤保护体系，减小或防止水土流失的发生，达到保护坡面、重建植被的目的。

（二）技术特点

植生带植草护坡具有以下特点。

一是植生带体积小、质量轻，可规模化生产，运输、搬运轻便灵活，施工简便，省时省工，并可根据需要任意裁剪。

二是植生带衬底采用可自然降解的植物纤维或无纺布等材料，与地表吸附作用强，腐烂后可转化为肥料。

三是植生带置种子与肥料于一体，具有播种施肥均匀，精准播种，种子肥料不易移动之特点。

四是植生带能够有效防止水土流失，避免种子被水流冲失。

五是种子出苗率高，出苗整齐，建植成坪快。

（三）植生带生产

1. 生产设备

无纺布生产设备包括清花机、梳棉机、气流成网机、浸浆机、烘干机和成卷机等。

植生带复合设备包括喷肥、播种、复合、针刺、成卷等机械。

2. 主要材料

（1）种子

目前，植生带的生产设备均能适应各种颗粒大小的草种，如黑麦草、高羊茅、早熟禾、三叶草等。草种的质量直接影响植生带的质量，所以提供制作植生带的草种，必须是颗粒饱满、净度合格和有较高的发芽率和发芽势的高质量种子。

（2）植生带载体

植生带载体应质地柔软、质量轻、厚薄均匀，具有较高的物理强度，无污染，铺装施工后能较快地自然降解。目前，多选用棉、麻、木质等天然纤维作为植生带的基础载体，较为理想的是无纺布和木浆纸制品。

无纺布的原材料要用纯棉纱无纺布，而不能用含有化纤成分的无纺布，因为化纤很难降解。纯棉纱原料又以新棉布角料经开花成绒的为最佳，其绒长在 10 mm 以下，而棉布在纺织过程中已通过脱脂，因此，吸水性强，有利于出苗。精梳短棉次之。

（3）化肥、保水剂等

根据不同的草种及应用条件确定化肥和保水剂的用量，化肥一般采用复合肥。

3. 植生带生产流程

（1）无纺布生产流程

原料（棉花、布角边料等）→开花、打碎成绒花→喂入清花机→梳棉机→成网→浸浆→滚压→烘干→无纺布成卷→入库。

（2）植生带生产流程

目前，国内外采用的植生带生产工艺主要有双层热复合植生带生产工艺、单层点播植生带生产工艺、双层针刺复合均播植生带生产工艺。近期我国又推出冷复合法生产工艺，而双层针刺复合植生带生产工艺应用较多。

（四）设备与材料

1. 主要设备

植生带铺设由人工完成，并不需要专用设备，施工时使用锹、镐、耙、锤等即可。

2. 主要材料

施工材料主要为成品植生带，以及植生带施工所需锚杆、专用 U 型钉、竹扦、铁丝等，并备足覆盖植生带所需的细粒土。

（五）适用条件及施工工艺

1. 适用条件

（1）适用地区

凡是适合开展面状植被护坡的地区均可应用，但降雨量小于 200 mm 的干旱地区不推荐使用。

（2）边坡状况

类型：一般用于土质边坡。

坡度：常用于坡度为 1∶1.5～1∶2.0 的边坡，当边坡坡度超过 1∶1.25 时应结合其他方法使用。

坡高：一般不超过 10 m。

稳定性：稳定边坡。

（3）施工季节

一般施工应在春季和秋季进行，应尽量避免在暴雨季节施工。

2. 施工工艺

（1）工艺流程

施工准备→平整坡面→开挖沟槽→铺植生带→覆土→前期养护。

（2）施工方法

①平整坡面

清除坡面所有石块及其他一切杂物，全面翻耕边坡，深耕 20～25 cm，并施有机肥，可用腐熟牛粪或羊粪等，用量为 0.3~0.5 kg/m²，打碎土块，搂细耙平。若土质不良，则须改良，对黏性较大的土壤，可增施锯末、泥炭等改良其结构。

铺植生带前 1~2 d，应灌足底水，以利保墒。

②开挖沟槽

在坡顶及坡底沿边坡走向开挖一矩形沟槽，宽 20 cm，深不小于 10 cm。坡面顶沟距坡面 20 cm，用以固定植生带。

③铺设植生带

铺设植生带前，应再次采用木板条刮平坡面。铺设植生带时，采用锚杆将植生带的一端固定在坡顶沟槽内，填土压实，锚杆采用量为 2~3 根/m²。然后再把植生带自然地平铺在坡面上，一边向下放平拉直，一边用 U 型钉或竹杆等固定，但不要加外力强拉。U 型钉或竹杆的使用量为 6~8 根/m²。植生带的接头处（上下接头、左右接缝）应搭接 10 cm。施工到边坡底部时，须将植生带的另一端固定在坡脚沟槽内，填土压实。

④覆土

在铺好的植生带上，用筛子均匀地铺撒准备好的细土，并将覆土拍实。细粒土的覆盖厚度为 0.3~0.5 cm，以沙质土壤为宜，每铺 100 m² 的植生带，须备 0.5 m³ 细土。对于棉网状植生带或植生毯可不用覆土。

⑤前期养护

洒水：植生带铺装完毕后应及时洒水，初次洒水一定要浇透，以后每日都要洒水，每次的洒水量以保持土壤湿润为原则，每日洒水次数视土壤湿度而定，直至出苗成坪。出苗后可逐渐减少喷洒次数，加大洒水量。洒水时要用小水流呈雾状喷洒，避免大水头对植生带的冲刷。在草苗未出土前，如因洒水等，露出植生带处，要及时补撒细土覆盖。成坪后的养护与常规草坪相同。

追肥：虽然植生带含有一定数量的肥料，但为了保证草苗能苗壮地生长，在有条件的情况下，可进行追肥。一般追肥两次，第一次追肥在草苗出苗后一个月左右，间隔 20 天再施第二次。追肥量为第一次用尿素 10 g/m²，第二次用尿素 15 g/m²。用稀释水溶液喷洒，追肥后一定要用清水清洗叶面，以免烧伤幼苗。

覆土：植生带的幼苗茎都生长在边坡表面，而植生带铺装时覆土又很薄，为了有利于幼苗匍匐茎的扎根，可以在幼苗开始分蘖时，覆细粒土 0.5~1.0 cm。

病虫害防治：当草苗发生病害时，应及时使用杀菌剂防治病害。在使用杀菌剂时，应掌握适宜的喷洒浓度。为防止抗药菌的产生，使用杀菌剂时，可以用几种效果相似的杀菌剂交替或复合使用。对于常发生的虫害如地老虎、草地螟虫、黏虫等，可采用生物防治和药物防治相结合的综合防治方法。

二、框格骨架植被护坡

（一）概述

框格骨架植被护坡是指采用现浇钢筋混凝土、预制件、浆砌石、钢材、砖等材料在坡面上构建规则形框架，并在框架内栽种植物进行植被恢复的一种综合生态护坡技术，可结合平铺草皮、三维植被网、喷播植草、栽植苗木等方法实施。框格骨架可以增强坡体稳定性，控制坡面水土流失，为植物生长创造良好条件，对坡面具有一定加固作用，而且形态较美观，可以营造不同的景观形式。

框格骨架植被护坡具有布置灵活、形式多样、截面调整方便、与坡面密贴、可随坡就势等显著优点。该方法既可美化景观，又可防止水土流失、保护环境，在铁路、公路的边坡和路堤的防护中已得到广泛和成功的应用。根据框格采用的材料不同，框格可分为浆砌块石框格、现浇钢筋混凝土框格和预制混凝土框格（又称 PC 框架）。其中，PC 框架在日本应用较为广泛，并有较为完善的设计施工规范。目前，我国在边坡工程中主要使用浆砌块石和现浇钢筋混凝土框格。

框格骨架随边坡坡度、坡质、坡形的不同而有差异。对于填方边坡和坡面比较平整、坡度也比较平缓（坡角 45°以下）的边坡，可采用浆砌石砌筑、预制件拼装形成框架。对于升挖边坡、岩质边坡和坡面凹凸不平且坡度陡峭（坡角 45°以上）的边坡，一般选用现浇混凝土框格的方法，若岩体不稳定，还需要加入锚杆锚索，加固抗滑力，使边坡坡体（坡面）的下滑力传递到稳定层中，从而保证岩体处于稳定状态。框格骨架具有方形、菱形、人字形及弧形等多种形式。

（二）浆砌石骨架植被护坡

1. 材料选用

（1）骨架材料

材料采用浆砌片石或预制混凝土块。混凝土材料强度不低于 C20，砂浆强度不低于 M7.5，石料强度不低于 MU30。

（2）植物种子或苗木

选择适应当地气候及地质条件的乔木、灌木、草植物种或苗木。

（3）种植土

种植土可就近取材，以天然有机质土壤为主。

（4）肥料

用来提供草坪植物生长所需的养分。

（5）覆盖材料

通常使用草帘和无纺布等。

2. 适用条件

（1）适用地区

各地区均可应用，但在干旱、半干旱地区应保证养护用水的持续供给。

（2）边坡状况

类型：各类土质边坡和土石边坡，强风化岩质边坡也可应用。

坡度：常用坡度 1∶1.0~1∶1.5，坡度超过 1∶1.0 时慎用。

坡高：每级高度不超过 10 m。

稳定性：深层稳定边坡。

（3）施工季节

一般施工应在春季和秋季进行，应尽量避免在暴雨季节施工。

3. 施工工艺

骨架应按设计形状和尺寸嵌入边坡内，表面与坡面齐平，其底部、顶部和两端做镶边加固。宜采用混凝土预制块拼装，并设计修筑养护阶梯。当采用浆砌石骨架时应在堤坝填土沉降稳定后施工。

下面以人字截水型浆砌石骨架铺草皮护坡施工方法为例，介绍浆砌石骨架植草护坡。

（1）工艺流程

施工准备→平整坡面→骨架施工→回填种植土→植草作业→表层覆盖→前期养护。

（2）施工方法

①平整坡面

待坡面沉降稳定后，按设计要求平整坡面，清除坡面危石、松土，填补坑凹等。

②骨架施工

A. 施工前，应按设计要求在每条骨架的起讫点放控制桩，挂线放样，然后开挖骨架沟槽，其尺寸根据骨架尺寸而定。为了保证骨架稳定，骨架埋深不小于 2/3 截面高度。

B. 采用 M7.5 水泥砂浆就地砌筑块石。砌筑骨架时应先砌筑骨架衔接处，再砌筑其他部分骨架，两骨架衔接处应处在同一高度。

C. 截水主骨架垂直于坝轴线，从坡顶一直延伸至坡脚排水沟。截水人字骨架于主骨架间，对称布置，两侧与主骨架呈45°相接；断面形式为L形，用以分流坡面径流水。每隔10~25 m设一道伸缩缝，缝宽20 mm。

D. 在骨架底部及顶部和两侧范围内，应用M5水泥砂浆砌片石镶边加固。

E. 施工时应自下而上逐条砌筑骨架，骨架应与边坡密贴，骨架流水面应与草皮表面平顺。

③回填种植土

框格骨架砌筑完工后，及时在骨架内回填种植土，充填时要使用振动板使之密实。回填土表面低于骨架顶面2~3 cm，便于蓄水并防止土壤、种子流失。

④植草作业

播种作业可采用人工穴播、点播、散播；平铺草皮作业时，草皮在骨架内从下向上错缝铺设压实，并采用尖桩固定于边坡上。

⑤表层覆盖

雨季施工，为使草种免受雨水冲失，并实现保温保湿，应加盖无纺布或编织席，促进草种的发芽生长。

⑥前期养护

洒水：播种或移植苗木后及时洒水养护，洒水时采用雾化水，使水均匀润湿地面。每天均须进行洒水作业，每次的洒水量以保持土壤湿润为原则，每日洒水次数视土壤湿度而定，直至出苗成坪。

病虫害防治：当草苗发生病害时，应及时使用杀菌剂防治病害，在使用杀菌剂时，应掌握适宜的喷洒浓度。为防止抗药菌丝的产生，使用杀菌剂时，可以用几种效果相似的杀菌剂交替或复合使用。对于常发生的虫害如地老虎、草地螟虫、黏虫等，可采用生物防治和药物防治相结合的综合防治方法。

追肥：为了保证草苗能苗壮地生长，在有条件的情况下，可根据草皮生长需要及时追肥。

种子出苗或草皮成活后，对稀疏区或无植被区及时进行补播、补植。对有景观要求的坡面，应注意对杂草进行人工控制；如仅是水土保持要求，则无须清除杂草。

(三) 钢筋混凝土框格骨架植被护坡

1. 基本原理和适用性

钢筋混凝土框格骨架植被护坡是指在边坡上现浇钢筋混凝土框架或将预制件铺设于坡

面形成框格骨架，再回填客土并采取措施使客土固定于框格骨架内，然后在骨架内植草以达到护坡绿化的目的。它同浆砌石骨架植被护坡类似，区别在于钢筋混凝土对边坡的加固作用更强。一般而言该方法可适用于各类边坡，但由于造价高，仅在那些浅层稳定性差且难以绿化的高陡岩坡（不宜大于 70°）和贫瘠土坡中采用。

2. 钢筋混凝土骨架内固土方法

采用此方法时固定骨架内的客土是非常重要的，固土的方法比较多，可以根据工程的具体情况采用适当的固土方法。下面介绍通常采用的固土方法。

（1）框格骨架内填空心六棱砖固土植草护坡

即在框格骨架内满铺并浆砌预制的空心六棱砖，然后在空心六棱砖内填土植草。该方法使回填客土具有很强的稳定性，能抵抗雨水的冲刷，可适用于坡度达到 1∶0.3 的岩质边坡。空心砖植草也可单独应用，主要用于低矮边坡的植被防护。一般边坡坡度不超过 1∶1.0，高度不超过 10 m，否则易引起空心砖的滑塌，造成植被防护的失败。

（2）框格骨架内设土工格室固土植草护坡

框格骨架内固定土工格室，并在格室内填土，挂三维网喷播植草绿化，从而实现在较陡的边坡上培土 20~50 cm。

施工流程是：整平坡面并清除危石→浇筑钢筋混凝土框格骨架→展开土工格室并与锚梁上钢筋、箍筋绑扎牢固→在格室内填土，填土时应防止格室胀肚现象→在坡面采用人工或机械喷播营养土 1~2 cm，以覆盖土工格室及框格骨架→从上而下挂铺三维植被网并与土工格室绑扎牢固→将混有草种、肥料等的混合料用液力喷播法均匀喷洒在坡面上→覆盖土工膜并及时洒水养护边坡，直至植草成坪。

（3）框格骨架内加筋固土植草护坡

即在框格骨架内加筋后填土，再挂三维网喷播植草或直接喷播植草的绿化方法。对于 1∶0.5 的边坡，骨架内加筋填土后挂三维植被网喷播植草绿化；对于边坡坡度为 1∶0.75 的边坡，骨架内加筋填土后直接喷播植草绿化，可不挂三维网。施工方法如下。

①用机械或人工的方法整平坡面至设计要求，清除坡面危岩。

②预制埋于横向框格梁中的土工格栅。

③按一定的纵横间距施工锚杆框格梁，竖向锚梁钢筋上预系土工绳，以备与土工格栅绑扎用。视边坡具体情况选择框格梁的固定方式。

④预埋用作加筋的土工格栅于横向框架梁中，土工格栅绑扎在横梁箍筋上，然后浇注混凝土，留在外部的用作填土加筋。

⑤按由下而上的顺序在框格骨架内填土。根据填土厚度可设二道或三道加筋格栅，以

确保加筋固土效果。

⑥当坡度陡于 1∶0.5 时，须挂三维植被网，将三维网压于平台下，并用土工绳与土工格栅绑扎牢固。三维网竖向搭接 15 cm，用土工绳绑扎。横向搭接 10 cm，搭接处用 U 形钉固定，坡面间距 150 cm。网与竖梁接触处回卷 5 cm，U 形钉压边。要求网与坡面紧贴，不能悬空或褶皱。

⑦采用液力喷播植草，将混有种子、肥料、土壤改良剂等的混合料均匀喷洒在坡面上，厚 1~3 cm，喷播完后，视情况覆盖一层薄土，以覆盖三维网或土工格栅为宜。

⑧覆盖土工膜并及时洒水养护边坡，直到植草成坪。

（4）框格骨架内错位码放植生袋护坡

植生袋是由聚乙烯编织网和种子夹层缝制而成的袋子，袋内填装土壤与肥料，在适宜的水热条件下种子就会发芽生长并形成植被层，从而达到保护坡面、恢复植被的目的。其自然降解时间为 2~3 年。

植生袋结合框格骨架可用于坡比大于 1∶1 的高陡边坡。施工流程如下。

一是清理坡面，除去碎石及危石。

二是浇筑钢筋混凝土框格骨架。

三是植生袋填装客土并搬入场内（为便于施工，避免植物种子发芽，一般施工前一天或当天，在客土搅拌场进行植生袋装填客土）。

四是错位码放植生袋，可用锚杆固定，与坡面紧贴，不留缝隙。

五是覆盖保墒并浇水养护，从播种到出苗期间要勤浇水，保持土壤湿润。建议在禾草 3~5 cm，豆科 2~4 cm 时去掉覆盖物。

3. 框格梁施工流程

施工流程为坡面整修→搭设脚手架→定位钻孔、清孔→锚杆安装、注浆→框格梁及锚头浇筑→锚头封闭。

①坡面整修

对浆砌石坡面开裂、外鼓处进行翻修，翻修浆砌片石强度等级不小于 M7.5，厚度不小于 0.3 m，修整后坡面平顺，嵌补的浆砌石厚度均匀。

②搭设脚手架

采用双排脚手架，架杆采用 φ48 mm 焊接钢管。立杆间距 2 m，横杆高度 1.5 m，横杆间距脚手架宽度 1.0 m。脚手架紧贴坡面搭设，每个节点均用卡扣卡牢，并在外排脚手架设垂直于脚手架平面的斜支撑，最低一层横杆距地面不大于 0.3 m。

③定位钻孔、清孔

用经纬仪放出基线并定出锚杆孔位，误差不超过±0.2 m，采用潜孔钻机风动钻孔，孔径 70 mm，锚孔倾角控制在 15°×（1±2%）。钻进前按锚杆设计长度将所需钻杆摆放整齐，钻杆用完时孔深即到位（比设计孔深大 0.2 m）。钻孔结束后，逐根拔出钻杆和钻具，将冲击器清洗好备用，用高压风吹净孔内岩碴。

④锚杆制作、安装、注浆

将两根直径 22 mm 钢筋点焊并联制作，杆身每隔 1.5 m 用直径 12 mm 钢筋设一对中支架，锚杆外露弯折 10 cm。将注浆管出口用胶布堵住后与锚杆一并装入，缓缓插入孔底，管口与孔底距离保持 20 cm 左右。检查调节定位止浆环和限浆环位置准确，确认注浆管畅通后，开动注浆机采用一次孔底返浆法灌注 M30 水泥砂浆，待孔口有水泥砂浆溢出为止。注浆工艺流程：拌制砂浆、压水连通试验、开始低速小流量注浆、正常注浆至设计锚固长度、终止、转移、进行下一孔注浆。

⑤框格梁浇筑

框格骨架纵、横梁是重要构件，其作用是将锚头处集中荷载传递至岩面并调整岩面的受力方向，施工质量必须保证。首先在设计位置按配筋图绑扎框格纵横梁钢筋骨架并预留泄水孔位，三向立模，其次在锚孔与框格梁交叉处（靠坡体内侧）预埋补浆用注浆管，最后整体浇灌 C30 混凝土（框格纵梁每隔 12 m 同步设伸缩缝一条），振动密实并加强养护。

⑥锚头封闭

锚头混凝土与框格梁同步浇筑。

第四节　生态袋植被护坡与生态混凝土护坡

一、生态袋植被护坡

（一）概述

生态袋植被护坡技术是融客土、种子直播、幼苗移植、水土保持等原理为一体的坡面植被建植技术。其所采用的生态袋是由聚丙烯和聚酯纤维深加工而成，具有透水不透土的过滤功能。袋内装填土壤和肥料甚至直接加入种子，袋与袋之间采用联结扣、锚杆、加筋格栅等构件按照一定规则相互连接，组成一个牢固的柔性护坡系统。即使再大水流，也难以将袋内土壤搬运走。袋体与填土为植物生长提供基础，待植物覆盖表面，植被根系将会加强生态袋的紧密度和联结强度，形成永久生态绿色护坡。生态袋植被护坡按作用分，主要有护岸型和挡土型两种形式。

（二）技术特点

生态袋植被护坡具有以下特点。

1. 材料性能优越

生态袋的材料具有强度高、抗紫外线、抗高低温、抗酸碱盐腐蚀、抗微生物侵蚀、裂口不延伸、不助燃等特性。

2. 安全环保

生态袋制造材料安全环保，不含有害物质，永不降解。施工时无噪声污染，也不会产生建筑垃圾，能与生态环境很好融合。

3. 结构稳定，抗冲刷能力强

生态袋结构为柔性结构，对不均匀沉降有很好的适应性，能承受一定的位移和沉降而不产生明显的应力集中；结构对水流冲击有很好的缓冲作用，抗震性好。对受到渗透影响、局部冲蚀的边坡具有很强的防护、稳定作用。

4. 应用范围广

由于采用的材料属于软体材料，对各种地基适应性强，可以应用于市政工程绿化、山体修复、道路工程绿化、水利生态护岸等领域。

5. 成本及养护费用低

生态袋由工厂批量化生产，质量稳定、材料轻便、运输和储存成本低。施工时采用的填充料大多就地取材，大大节约了工程造价，并且后期养护费用较低。

6. 施工便捷

施工操作简单，无须"三通一平"，不需要大型施工机械，对施工人员专业技术要求低。目前，一个由 3~4 人组成的熟练施工队伍每天可施工 30~40 m^2。

（三）生态袋护坡结构构成

生态袋护坡技术是一种生物护坡工程技术，其主要由生态袋、填充物、植被、联结扣、土工格栅等几种元素构成。

1. 生态袋

生态袋是由质量轻、环境协调性好的纤维材料加工缝制或者胶结而成。抗冲生态袋面层共有四层：第一层加强纤维织物，材质可为聚酯纤维；第二层反滤层，材质可为聚酯系无纺布；第三层填充层，可根据实际工程需要填充草种、肥料等；第四层复合纤维织物，材质为木浆纤维。

2. 联结扣

联结扣是由聚丙烯材料挤压成形的高强度构件，主要由主板、扣齿组成。将联结扣放在上下层两个生态袋接触面内，在上部生态袋竖向压力的作用下，联结扣齿将刺入与其接触的生态袋中，防止生态袋之间的相对滑动，以增加生态袋护坡结构面层整体性，充分发挥生态袋柔性结构的特点。部分联结扣还带有锁口，用于固定填土中的拉筋，以增加面层与填土层的整体性。

3. 扎口带

扎口带是一种自锁式黑色带子，抗紫外线且抗拉强度高。施工中需要采用扎口带将已填充的生态袋袋口扎紧，保证每个生态袋的完整性和有效性。

4. 土工格栅

土工格栅是用聚丙烯、聚氯乙烯等高分子聚合物经热塑或模压而成的二维网格状或具有一定高度的三维立体网格屏栅，具有抗拉强度高、耐磨损、耐紫外线老化、耐腐蚀、与土或碎石嵌锁力强等特点。一般水平铺设在生态袋挡土结构回填土区，对外露袋体墙面分层反包，再用联结扣把土工格栅和生态袋连接在一起，可增加回填土的整体性及稳定性，有效控制不均匀沉降。

5. 反滤土工布

通常采用短纤针刺土工布，具有抗老化、耐酸碱、耐磨损、柔韧性好、施工简便的特点，具有良好的透气性和透水性。

6. 排水设施

排水设施主要包含反滤所用砂石料和排水管或塑料排水带，其作用是排干生态袋后填土内渗水。

7. 填充物

生态袋内主要填充种植土，并按照一定比例加入砂、肥料、保水剂等，也可以在生态袋内植入种子。应根据不同工程条件、当地土料资源及植物品种进行选配，如在受浸水和冲蚀严重的区域适合外层填充细砂、碎石等抗冲固基材料。

8. 植被

根据边坡工程特性和绿化需求，选择适应当地气候及地质条件的乔木、灌木、草植物种或苗木。

（四）施工方法

生态袋挡土、护坡结构施工应具备完整、准确的现场勘察资料和合理的设计方案，同时应详细规划、制定可行的施工步骤。施工方应向业主方提供生态袋面积质量、断裂强度、延伸率、CBR 顶破强度等基本材料参数，以及生态袋之间摩擦系数、拉出时的最小抗拉力等有关检验报告或实验部门资料；并向业主提交实验测得的填土和排水骨料的最大干密度值和现场压实度报告，证明现场的压实施工满足设计要求。

1. 清理场地

（1）基线与水准点设置

施工基线、水准点应选择通视条件好、不易沉降和位移、受施工影响较小的位置，便于施工期间的检查和校核。水准点不少于两个，并设在不同标高处。

（2）开挖与削坡

施工前，要进行断面测量，准确布设断面控制标志；并应与当地的公用设施部门联系，以确保挖方工作不会对当地环境、地下管线及周围建筑物等造成影响和破坏，必要时应采取防护措施。

开挖施工应尽量避免超挖并确保开挖后的安全坡度，挖方弃土应放置在附近适宜地点且不影响边坡施工和稳定。开挖后，应及时对基础进行检验以确定是否与设计文件相符，承载力是否满足设计要求。同时，应留存文字和影像资料。对于非常不利于护坡安全的淤泥、细粉砂基础等应视情况采取不同的措施处理后再施工。

（3）坡面清理

①将坡面的树皮、树根、碎石、垃圾等杂物清除干净，避免有尖锐物体割破生态袋；②挖除或加固不稳定的松散土体和岩体；③如有泉眼则要引出来，浸水处要做好导水盲沟。

2. 基础施工

（1）挡土结构地基施工

柔性较好的生态袋护坡对地基的沉降变形适应性好，一般基础施工时将基础面适度整平即可放置底层的生态袋。若地基土中含水量较高，在基础施工前应做好排水措施并设置好。对于直接与生态袋接触的部分，需要其具有较高承载力和较小变形，以保证护坡结构的稳定和外观平顺。通常该部分选择灰土回填地基、碎石甚至素混凝土回填地基，或者简单地基处理，厚度 200~300 mm。生态袋后填土中有土工格栅范围的地基一般在土壤含水率不高于最优含水率 4% 的条件下碾压到压实度 80% 以上即可。

垫层材料需要具有较好的排水功能，通常在生态袋面层与垫层之间设反滤土工布，以防止基底土颗粒的流失。底部垫层的厚度以及侧边距邻近墙趾和墙踵应保持 150 mm 以上，基础深入地表以下 50 cm 以上为宜。

（2）护岸型结构地基施工

护岸的护底和护脚应根据设计要求、施工能力、自然条件等分层分段施工。施工生态袋前坡面外观应整理平顺，整平好的坡面上不要有重物碾压，以免影响其平整度。若场地土质较差，或难以整平时，可铺设碎石层。码放生态袋前应铺设反滤土工布，对于生态袋面层承受波浪荷载的边坡不能省略碎石层。

3. 生态袋填充

生态袋中填充的土壤是植物生长发育的基地，对植被具有涵养和支撑作用，并在稳定和缓冲环境变化方面起着重要作用，为了减少处理和运输成本，尽可能就地取材。由于生态袋的有效厚度和质量影响到护坡的稳定安全，需要通过现场试验确定装填土后袋体的体积。不同类型的袋体、不同领域的工程运用，最佳填充度略有不同。根据护坡结构选择合适尺寸的生态袋。一般以植被恢复为目的的简单生态袋工程，在人工填充时，填充度宜为极限填充度的 85%。

4. 生态袋铺设

常见的生态袋护坡有普通堆叠法、加筋堆叠法、防护骨架法等。

（1）普通堆叠法

普通堆叠法施工简便，适用于坡度较缓、坡高较低的挡土结构和无波浪等水影响的河道边坡工程。

施工时，首先按设计坐标放线，地形复杂区域多设控制点。将装好填料的生态袋码放在垫层或土工布滤层之上。底层生态袋的埋深应根据工程实际埋深选取 1/20～1/8 护坡高度。铺设生态袋时，注意把袋子的缝线结合一侧向护坡内摆放。尽量在整个底层安装、压实、回填、平整后再开始上一层生态袋安装。

上层生态袋的铺设方法简单便捷，将各层生态袋紧贴坡面由低到高，层层错缝码放，同时控制好各层的立面倾角。若生态袋结构中设计有联结扣，将联结扣设置在有效接触面内，将生态袋联结扣水平放置在两个袋子之间且靠近后边缘的地方，通过摇晃、捶打、行走，压实上层生态袋，以便每个联结扣可以牢固锁定，夯实度要适当。

对于挡土型护坡结构，应分层压实填土区的回填土。填土厚度宜为 20～30 cm；含水率控制在最优含水率±2%范围内。如在雨季施工，应做好排水和遮盖；每层填土经整平压实后形成 3%坡面，以便填土区遇水能及时排出。生态袋护坡 1.5 m 范围内采用人工摊铺、夯实；1.5 m 以外可采用机械摊铺、碾压，并设明显标志以便伺机观察。最后在结构顶部，把生态袋长边垂直坡沿摆放并覆土压实；也可视情况采用不同厚度的条石或混凝土预制块压顶。

（2）加筋堆叠法

在坡度、高度较大或有波浪、高水位威胁的护坡工程中，可采用土工格栅加筋堆叠法的生态袋护坡施工技术。

设置土工格栅层可改善回填土性质，增加生态袋护坡的整体性，减小不均匀沉降。其施工方法与普通堆叠法类似，当填土压实后的高度达到安装土工格栅设计标高时，开始安装土工格栅层。水平铺设土工格栅，强度高的方向应垂直生态袋坡面且不容许搭接，反包段用生态袋预留的锁定装置固定好，或用连接棒与上一层土工格栅相连（连接棒位置应相互错开），自由端采用张拉器拉紧格栅，并用 U 型钉或锚杆固定。其后及时在拉筋上覆土，每层填土厚度 15~20 cm，压实度不低于 95%。碾压机械行驶方向应与土工格栅受力方向垂直，不可在未覆盖填料的筋带上行驶或停车，避免造成拉接网片的起皱、移动、刺破等。填土压实过程中，第一遍速度宜慢，以免拥土将土工格栅推起；第二遍以后速度可以稍快，直至达到密实要求。

为确保回填土的整体性，上、下层土工格栅相接位置应相互错开，距离不小于 1.0 m。另外，如不能避免部分工程土工格栅的搭接，一定要在底层格栅上铺设一定厚度的填土后才能铺设上搭接部分格栅，上层格栅可以与水平面有个小角度的夹角。

（3）防护骨架法

防护骨架用于坡度较陡、墙面承受较大流水侵蚀或者波浪压力的河道边岸。以刚性防护骨架承受大部分坡面内外受到的荷载。

骨架框格内填充生态袋时在框架梁浇注过程中预埋螺栓作为生态袋固定挂钩。生态袋规格根据工程实际情况预制，每个袋体均用连接带和相邻的生态袋进行连接，使整个坡面形成一个整体，加上袋体的自重，可有效抵御水流对坡面的冲刷。

5.排水设施的施工

排水设施应与挡土型生态袋护坡结构同步施工，同步完成。

当填料采用细粒土且有地表水渗入时，宜在面层后设置 30~50 cm 的排水层，以加强填土区排渗，并用土工布将填土与排水层分隔开。排水管的安装应能够保证加筋土层的水及时自流到护坡区域以外，排水管的出口应与坡外集水井连接或与墙后不影响墙体稳定的集水口连接。排水管可用弹簧软管或塑料波纹管。建议用土工布将排水管包上，以起到滤土排水作用。排水管的安放应能使其靠重力将水排出，主排水管的直径不应小于 75 mm，次要排水管的坡度最小应达到 2%。

6. 绿化施工及养护

生态袋结构施工完成后，应尽快对生态袋表面进行绿化种植，使植物尽快覆盖在生态袋表体，减少因为紫外线照射、风吹、雨水侵蚀等而影响生态袋的工程强度和寿命。当绿化施工受限，生态袋暴露时间可能大于三个月时，使用覆盖物对生态袋表面进行临时覆盖。

绿化时，草种适合喷播法或压播法，乔木、灌木种子宜插播或压播，播种时位于客土深度以 2~3 cm 为宜。

播种后应每天进行洒水养护，每次的洒水量以保持土壤湿润为原则，每日洒水次数视土壤湿度而定，持续时间不少于 30 天。每日洒水时间最好在上午 10 点以前或下午 4 点以后，以减免蒸发损失。

二、生态混凝土护坡

（一）概述

生态混凝土又称多孔混凝土、环境友好型混凝土，是由骨料、水泥和添加剂组成，采用特殊工艺制作，具备生态系统基本功能，满足生物生存要求的多孔材料。与传统混凝土相比，生态混凝土最大特点是内部有连续孔隙结构，具有类似土壤的透水、透气性，孔隙率可达 20%~30%，为植物生长和微生物富集提供了良好基质。在这种混凝土上覆土植被，能将混凝土的硬化与生态绿化有机结合起来，使混凝土与自然和谐相处，实现对堤坝边坡的防护，将防止波浪冲刷、维护生态、水体净化和景观美化融为一体。

（二）技术特点

生态混凝土护坡具有以下特点。

1. 透水效果好

生态混凝土的多孔特性，使其具有较强的透水性，有效连通地下水及地表水；当水位骤降时，能及时排出坡体内孔隙水，确保边坡稳定安全。

2. 水土保持效果好

生态混凝土具有一定强度，耐冲刷，抗侵蚀；并且植物生根发芽后可与生态混凝土共同作用，提高边坡整体防护能力，起到防止水土流失的作用。

3. 绿化效果好

生态混凝土表面及内部存在大量蜂窝状孔洞，便于培植植被，绿化混凝土表面。

4. 具有水质净化效应

主要表现在以下三方面：①物理作用：生态混凝土的多孔特性能有效吸附和滤除水中污染物。②化学作用：其析出的 AF^{3+}、Mg^{2+} 等物质可使水中胶体物质脱稳、絮凝而沉淀，并且可通过化学作用有效去除氮磷等营养物质，降低水体的营养等级。③生物化学作用：生态混凝土表面及内部能够富集微生物群落，形成了污染物、细菌、原生动物、后生动物的完整生态链。

5. 工程造价较低

水泥用量比普通混凝土少 1/4~1/3；粗骨料除可采用碎石、卵石外，还可利用炉碴、建筑垃圾等材料，并且生态混凝土不用砂料，简化了材料运输及现场管理，有效降低了生产成本。

（三）施工方法

1. 边坡开挖

根据现场情况，结合施工图设计确定开挖边界，放线后进行场地开挖。边坡尽量避免超挖；对清除的表土应外运至弃土场，不得重新用于填筑边坡；对可利用的种植土料宜进行集中和贮备，并采取防护措施。

2. 坡面平整

按照设计坡比削坡开挖后，及时清理坡面并夯实平整。坡面不得有浮石、杂草、树根、建筑垃圾和洞穴等。清理完成后，应采用压实机械压实坡面，压实度不宜小于 0.95。当坡面土壤不符合要求时，应覆盖适合植物生长的土料并压实，也可铺设营养土工布。

3. 砌筑框格

施工生态混凝土前，在坡面上构筑框格，可采用 M7.5 浆砌石砌筑或 C20 混凝土预制件拼装，用水泥勾缝。砌筑框格时应同时将坡脚修建完善，可采用抛石护脚或钢筋混凝土护脚。

4. 浇筑生态混凝土

严格按照配合比现场搅拌、制备和浇筑生态混凝土；浇筑生态混凝土前应预先在底面铺设一层小粒径碎石；生态混凝土浇入框格中后应及时平整并采用微型电动抹具压平或人工压实表面，保证与框架紧密结合，不宜采用大功率振捣器进行振捣，以防出现沉浆现象；生态混凝土浇筑厚度应满足设计要求，浇筑作业时间不宜过长，避免骨料表面风干。现浇混凝土浇筑后覆盖，养护 7~14 d，根据天气情况洒水保持混凝土湿度。

浇筑完生态混凝土后，应在坡顶、两侧采用混凝土封边、压顶，提高生态混凝土护坡的整体性和抗冲刷能力。

当采用预制生态混凝土构件铺设时，应采用专用的构件成型机一次浇筑成型；构件铺设时应整齐摆放，确保平整、稳定，缝隙应紧密、规则，间隙不宜大于 4 mm；相邻构件边沿宜无错位，相对高差不宜大于 3 mm。安装时应从护坡基脚开始，由护坡底部向护坡顶部有序安装；安装要符合外观质量要求，纵、横及斜向线条应平直；坡脚及封顶处的空缺采用生态混凝土现场浇筑补充。

5. 铺设营养土

营养土铺设前应对生态混凝土空隙进行填充，填充材料应按生态混凝土盐碱改性要求和营养供应要求配制好，并摊铺在生态混凝土表面，厚度为生态混凝土厚度的25%~30%。填充方法主要有吹填法、水填法和振填法。

营养土即为种植土料（含配合土），应进行必要的筛分，去除乱石、树根、块状黏土等，不得有建筑垃圾等杂物；土料含水率不应小于15%，土料过干时应在回填后的土料表面喷洒少量水。铺设土料时可人工摊平并轻压，摊平后的土料平均厚度不宜大于 20 mm。

6. 坡面绿化

覆土完成后及时进行绿化作业，可采用播种、铺设草卷、栽种、打种等方式，也可选用喷播方式。

植物选配应依据实际工程所在地气候、土壤及周边植物情况确定，植物物种须抗逆性强且多年生，根系发达，生长迅速，能短时间内覆盖坡面，适用粗放管理，种子（幼苗）易得且成本合理。

7. 前期养护

播种完成后应每天进行洒水养护，每次的洒水量以保持土壤湿润为原则，直至出苗。在根系还未达到生态混凝土以下土层前应适时追肥，并根据种植情况适时防治季节性病虫害。

播种绿化植物的分蘖期，是植物能否顺利生长的关键时期，尤其是当局部盐碱改良材料充灌不均时，常出现草叶烂尖、叶面钝化、黄瘦倒伏等盐碱中毒现象，可采取补充盐碱改良材料、更换植草品种等补救措施。

第七章　水土保持监测与信息管理

第一节　水土保持监测理论及监测站网

一、水土保持监测概述

（一）水土保持监测的目的

1. 查清水土流失现状。
2. 科学评估水土保持效益。
3. 发现工程建设对水土流失的影响关键因素。
4. 为科学研究提供基础资料。
5. 为政府决策和监督执法提供依据。
6. 为广大民众提供水土保持生态服务。

（二）水土保持监测的意义

通过水土流失监测摸清其类型、程度、强度与分布特征、危害及影响情况、发生发展规律、动态变化趋势，对水土流失综合治理和生态环境建设宏观决策以及科学、合理、系统地布设水土保持各项措施具有重要意义；通过治理监测认清在一定地理环境、地貌、土壤条件下不同的水土保持措施的布局和施工顺序，以及蓄水保土、生态环境改善、经济产出等效益，对同类地区治理规划设计具有理论指导意义；通过开发建设项目水土保持监测，分清开发建设前后水土流失状况、对地表土体干扰程度、水土保持治理情况，为水土保持监督管理提供依据，对准确执行法律政策具有现实意义；通过定位实验观测并与其他各类监测相结合，对水土保持科学研究、水土流失动态预报以及科学地制定有关法律法规和政策具有重要意义，并为面向社会公众提供水土保持信息服务提供重要途径。

（三）水土保持监测的内容

水土保持监测的基本内容包括水土流失影响因子监测、水土流失状况监测、水土流失危害监测、水土保持措施及效益监测四个方面。

1. 水土流失影响因子监测

水土流失影响因子是发生水土流失的动力和环境条件，包括自然因素和人为活动因素两类。自然因素有气候、地质地貌、土壤与地面物质组成、植被、水文等；人为活动因素有土地利用方式、开发建设活动、经济社会发展水平等。影响因子监测能够阐明水土流失发生发展的机制、变化和规律，明确水土保持的治理方向。

2. 水土流失状况监测

水土流失状况是指水土流失类型、方式、分布区域、面积规模、强度大小，以及水土流失发生、运移、堆积的数量特征和趋势。监测这些内容能够判断水土流失发育阶段及时空分布，为水土保持措施布置与设计提供基本依据。

3. 水土流失危害监测

水土流失危害涉及人类生存及环境多方面。当前监测的主要方面有水土资源破坏、泥沙（风沙、滑坡等）淤积危害、洪水（风沙）危害、水土资源污染和社会经济危害等，监测危害既是防灾减灾的需要，也是提高人们认识，进行国土整治、水土保持综合治理所必需。

4. 水土保持措施及效益监测

水土保持措施监测主要是包括实施治理措施的类型、名称、规模、区域分布及保存数量和质量等级等。效益监测主要有水土保持效益、生态效益、经济效益和社会效益四个方面。监测水土保持措施和效益，既是对以往工作的检验和评价，也是对未来工作开展及部署的重要提示和指导。

（四）水土保持监测的原则

水土保持监测是为工农业生产、防灾减灾、科学研究，以及国家发展宏观决策服务的，有很强的针对性。因而，水土保持监测要坚持科学性、系统性、实用性和持续性原则。

1. 科学性原则

坚持科学性原则即坚持理论与实践相统一原则、实事求是原则，要把对土壤侵蚀规律、影响因素、变化特征与危害的认识与监测项目的内容、监测过程及监测区域、方法统一起来；要把人为活动的方式、特点、区域分布和监测的范围、监测重点与监测的时间、空间调配统一起来；要把各项治理措施的规格、结构及配置与监测典型、监测时效与频次统一起来等，实施有效的、及时的、精确的监测，取得真实、可信的监测结果。

2. 系统性原则

水土保持监测是一项复杂的系统工程，国家已建立了水土保持监测网络体系，颁布了一套组织、管理法规、制度。这一体系既是水土保持监测数据采集、传递、整编、交流和发布的数据交换网络，又是一个可从公用数据网络及相关监测网络获取信息，并向社会各层次提供信息和开放的网络。因此，系统性原则不仅涉及监测的项目内容，还要满足监测网络体系中采集、传递、整编等要求，适应社会不同层次的需求。

3. 实用性原则

水土流失和水土保持措施监测成果，以及水土流失预测预报都是为土壤侵蚀防治、生产建设、水土资源可持续利用等服务的，因此，监测的目标要明确，内容要完整，方法要实用，手段要能适应不同情况，以便能够取得满足需要的监测成果。

4. 持续性原则

持续性原则体现在监测典型（含区域、侵蚀事件）、监测指标基本保持不变、采用的监测方法和手段要保持延续性或不同方法之间具有可比性，尤其对比观测更应如此。这里强调了时间上的持续性，应用同一监测方法、手段开展长期监测，取得长序列资料；又强调了空间上的持续性，应用规范的统一方法，取得可以互相对比的观测资料。统计分析这些资料，可以掌握时空变化规律，满足社会不同层次的需要。

二、水土保持监测站网

（一）水土保持监测点

水土保持监测点（monitoring point of soil and water conservation）是指纳入国家水土保持监测网络中并实施长期定位水土保持观测的监测点，主要类型有坡面径流场、小流域控制站和小流域综合观测站。

1. 监测点的分类及其主要任务

水土保持监测点定期收集、整（汇）编和提供水土流失及其防治动态的监测资料，按照监测目的和作用，监测点分为常规监测点和临时监测点。

（1）常规监测点

常规监测点是长期、定点定位的监测点，主要进行水土流失及其影响因子、水土保持措施数量、质量及其效果等监测，在全国土壤侵蚀区划的二级类型区应至少设一个常规监测点，并应全面设置小区和控制站。

（2）临时监测点

临时监测点是为某种特定监测任务而设置的监测点，其采样点和采样断面的布设、监测内容与频次应根据监测任务确定。临时监测点应包括开发建设项目水土保持监测点，崩塌、滑坡、泥石流和沙尘暴监测点，以及其他临时增设的监测点。

2. 监测点的布设原则

设置水土保持监测点前，应调查收集有关基本资料，如地质、地貌、土壤、植被、降水等自然条件和人口、土地利用、生产结构、社会经济等状况；水土流失类型、强度、危害及其分布；水土保持措施数量分布和效果等。

（1）监测点布设应遵循的原则

一是根据水土流失类型区和水土保持规划，确定监测点的布局。

二是以大江大河流域为单元进行统一规划。

三是与水文站水土保持试验（推广）站（所）、长期生态研究站网相结合。

四是监测点的密度与水土流失防治重点区的类型、监测点的具体情况和监测目标密切相关，应合理确定。

（2）常规监测点选择场地应符合的规定

一是场地面积应根据监测点所代表水土流失类型区、试验内容和监测项目确定。

二是各种试验场地应集中，监测项目应结合在一起。

三是应满足长期观测要求，有一定数量的专业比较配套的科技人员，有能够进行各种试验的科研基地，有进行试验的必要手段和设备，交通、生活条件比较方便。

（3）临时监测点选择场地应符合的规定

一是为检验和补充某项监测结果而加密的监测点，其布设方式与密度应满足该项监测任务的要求。

二是开发建设项目造成的水土流失及其防治效果的监测点，应根据不同类型的项目要求设置。

三是崩塌、滑坡危险区，泥石流易发区和沙尘源区等监测点应根据类型强度和危害程度布设。

（二）水土保持监测站网的组成

《水土保持生态环境监测网络管理办法》规定："全国水土保持生态环境监测站网由以下四级监测机构组成：一级为水利部水土保持生态环境监测中心，二级为大江大河（长江、黄河、海河、珠江、松花江及辽河、太湖等）流域水土保持生态环境监测中心站，三级为省级水土保持生态环境监测总站，四级为省级重点防治区监测分站。省级重点防治区监测分站，根据全国及省水土保持生态环境监测规划，设立相应监测点。具体布设应结合目前水土保持科研所（站、点）及水文站点的布设情况建设，避免重复，部分监测项目可委托相关站进行监测。国家负责一、二级监测机构的建设和管理，省（自治区、直辖市）负责三、四级及监测点的建设和管理。按水土保持生态环境监测规划建设的监测站点不得随意变更，确需调整的须经规划批准机关的审查同意。"

因此，水土保持监测站网是指全国水土保持监测中心，大江大河流域水土保持监测中心站，省（自治区、直辖市）水土保持监测总站，省（自治区、直辖市）重点防治区水土保持监测分站及水土保持监测点。

第二节　监测项目与多元方法

不同尺度的水土保持监测对象具有大小不同的分布范围，监测范围内具有不同的分区。监测对象的分布范围与分区，决定了水土保持监测的重点地段和重点监测点的布设，监测项目应该充分反映各个分区的水土流失特征、水土保持措施及其效果，必须根据监测设施的可行性、技术操作性和经济合理性确定具体的监测项目。确定的项目应既能代表性地反映水土流失的主要因子、水土流失方式、流失量、危害以及治理效果的变化，又能突出反映不同地段、不同对象的特征与发展趋势。

监测方法是实现水土保持监测的有效手段，监测方法的合理选择是保证监测结果准确、可靠的前提。根据水土保持监测的空间尺度的不同，应选择合理的监测方法。

一、区域监测

（一）区域监测的项目

1. 不同侵蚀类型（风蚀、水蚀和冻融侵蚀）的面积和强度。

2. 重力侵蚀易发区，对崩塌、滑坡、泥石流等进行典型监测。

3. 典型区水土流失危害监测项目包括：土地生产力下降；水库、湖泊、河床及输水干渠淤积量；损坏土地数量。

4. 典型区水土流失防治效果监测

防治措施数量、质量：包括水土保持工程、生物和耕作三大措施中各种类型的数量及质量。

防治效果：包括蓄水保土、减少河流泥沙、增加植被覆盖度、增加经济收益和增产粮食等。

（二）区域监测的一般方法

区域监测应主要采用遥感监测，并进行实地勘察和校验。必要时，还应在典型区设立地面监测点进行监测。也可以通过询问、收集资料和抽样调查等获取有关资料。

二、中小流域监测

（一）中小流域监测的项目

1. 不同侵蚀类型的面积、强度、流失量和潜在危险度。

2. 水土流失危害监测，包括以下三点：土地生产力下降；水库、湖泊和河床渠淤积量；损坏土地面积。

3. 水土保持措施数量、质量及效果监测，包括以下两点。

防治措施：包括水土保持林、经果林、种草、封山育林（草）、梯田、沟坝地的面积、治沟工程和坡面工程的数量及质量。

防治效果：包括蓄水保土、减沙、植被类型与覆盖度变化、增加经济收益、增产粮食等。

4. 小流域监测增加项目，包括以下七点。

小流域特征值：流域长度、宽度、面积，地理位置，海拔高度，地貌类型，土地及耕地的地面坡度组成。

气象：包括年降水量及其年内分布、雨强，年均气温、积温和无霜期。

土地利用：包括土地利用类型及结构、植被类型及覆盖度。

主要灾害：包括干旱、洪涝、沙尘暴等灾害发生次数和造成的危害。

水土流失及其防治：包括土壤的类型、厚度、质地及理化性状，水土流失的面积、强度与分布，防治措施类型与数量。

社会经济：主要包括人口、劳动力、经济结构和经济收入。

改良土壤：治理前后土壤质地、厚度和养分。

（二）中小流域监测的一般方法

小流域监测应采用地面观测方法，同时通过询问、收集资料和抽样调查等获取有关资料。

中流域宜采用遥感监测、地面观测和抽样调查等方法。

三、生产建设项目监测

为客观反映生产建设项目建设工程中产生的水土流失及危害、防治措施的水土保持效果，应通过设立典型观测断面、观测点、观测基准等，对开发建设项目在生产建设和运行初期的水土流失及其防治效果进行监测。

（一）项目建设区水土流失因子监测的项目

1. 地形、地貌和水系的变化情况。

2. 建设项目占用地面积、扰动地表面积。

3. 项目挖方、填方数量及面积，弃土、弃石、弃碴量及堆放面积。

4. 项目区林草覆盖度。

（二）水土流失状况监测的项目

1. 水土流失面积变化情况。

2. 水土流失量变化情况。

3. 水土流失程度变化情况。

4. 对下游和周边地区造成的危害及其趋势。

（三）水土流失防治效果监测的项目

1. 防治措施的数量和质量。

2. 林草措施成活率、保存率、生长情况及覆盖度。

3. 防护工程的稳定性、完好程度和运行情况。

4. 各项防治措施的拦碴保土效果。

（四）生产建设项目监测的一般方法

生产建设项目监测应主要采用定位观测和实地调查方法，也可同时采用遥感监测方法。

第三节　水利工程项目水土保持监测与施工管理要点

一、生产建设项目水土保持监测

（一）监测目的、内容与要求

1. 监测目的

一是及时、准确掌握生产建设项目水土流失状况和防治效果。

二是落实水土保持方案，加强水土保持设计和施工管理，优化水土流失防治措施，协调水土保持工程与主体工程建设进度。

三是及时发现重大水土流失危害隐患，提出防治对策建议。

四是提供水土保持监督管理技术依据和公众监督基础信息。

2. 监测内容

生产建设项目水土流失及其防治效果的监测内容，应根据批准的生产建设项目水土保持方案确定相应内容。

3. 监测要求

一是建设性项目的水土保持监测点应按临时点设置。生产性项目应根据基本建设与生产运行的联系，设置临时点和固定点。

二是水土保持监测点布设密度和监测项目的控制面积，应根据生产建设项目防治责任范围的面积确定，重点地段应实施重点监测。

三是水土保持监测点的观测设施、观测方法、观测时段、观测周期、观测频次等应根据生产建设项目可能导致或产生的水土流失情况确定。监测方案应进行论证，批准后方可实施。

四是生产建设项目水土保持监测费用应纳入水土保持方案，基建期监测费用应由基建费用列支，生产期的监测费用应由生产费用列支。监测成果应报上一级监测网统一管理。

五是大中型生产建设项目水土保持监测应有相对固定的观测设施，做到地面监测与调查监测相结合；小型生产建设项目应以调查监测为主。地面监测可采用小区观测法、简易水土流失观测场法、控制站观测法。采用小区观测法和控制观测站的设置应充分论证。各类生产建设项目的临时转运土石料场或施工过程中的土质开挖面、堆垫面的水蚀，可采用侵蚀沟体积量测法测定。

(二) 监测项目、时段与方法

1. 监测项目

一是采矿行业：露天矿山的重点是排土（石）场和铁路或公路专用线，地下采矿重点是弃土弃渣、铁路或公路专用线和地面塌陷。

二是交通铁路行业：主要是对施工过程中的水土流失进行监测，重点是弃渣、取土场、大型开挖破坏面和土石料临时转运场。

三是电力行业：电厂施工建设过程水土流失监测以弃土弃渣、取石取土场为主。火力发电厂运行期以贮灰场为主，其他类型的电厂生产期可根据实际情况确定。

四是冶炼行业：施工生产建设过程水土流失监测以弃土弃渣、取石取土场为主，运行期以添加料场、尾矿、尾沙、炉渣为主。

五是水利水电工程：重点是施工期的弃土弃渣、取石取土场及大型开挖破坏面。

六是建筑及城镇建设：重点是建设过程中的地面开挖、弃土弃渣、土石料临时堆放地。

七是其他行业应根据实际情况确定。

2. 监测时段

一是生产性项目监测时段可分为施工期和生产运行期。在水土保持方案编制时，监测时段应与方案实施时段相同。

二是建设性项目监测时段可分为施工期和林草恢复期。林草恢复期种植通常为 2~3 年，最长不超过 5 年。

3. 监测方法

一是生产建设项目水土流失监测，宜采用地面观测法和调查监测法。

二是在防治责任区范围内，水土流失影响较小的地段，可进行调查监测；水土流失影响较大的地段，应进行地面观测。

三是应积极鼓励采用新技术、新方法。

(三) 调查监测

1. 项目区水土流失因子监测

一是采用实地勘测、线路调查等方法对地形、地貌、水系的变化进行监测。

二是采用设计资料分析，结合实地调查对土地扰动面积和程度、林草覆盖度进行监测。

三是采用调查和量测等方法，对沟道淤积、洪涝灾害及其对周边地区经济、社会发展的影响进行分析，保证水土流失的危害评价的准确性。

四是采用查阅设计文件和实地量测，监测建设过程中的挖填方量及弃土弃渣量。

2. 水土流失调查

调查监测法可分普查调查、典型调查与抽样调查。普查调查适用于面积较小的面上监测项目的调查；典型调查适用于滑坡、崩塌、泥石流等的调查；抽样调查适用于范围较大的面上监测项目。矿区地面塌陷的面积、造成的危害监测应在分析企业有关预测和调查资料的基础上，进行必要的实地调查。

3. 水土保持设施监测

应对施工过程中破坏的水土保持设施数量进行调查和核实；并对新建水土保持设施的质量和运行情况进行监测；大型水土保持工程设施应进行稳定性观测。

二、施工期水土保持管理要点

（一）施工期水土保持管理工作

在日常管理工作中，为保证水土保持方案的顺利实施，建设单位须采取以下管理措施。

第一，建设单位要把水土保持工作列入重要议事日程，切实加强领导，真正做到责任、措施和投入"三到位"，认真组织方案的实施和管理，定期检查，接受社会监督。

第二，加强水土保持的宣传、教育工作，提高施工人员和各级管理人员以及工程附近群众的水土保持意识。

第三，建设单位在主体工程招标过程中，按照水土保持工程技术要求，将水土保持工程各项内容纳入招标文件的正式条款中。对参与项目投标的施工单位，进行严格的资质审查，确保施工队伍的技术素质。要求施工单位在招标投标文件中，对水土保持措施的落实做出书面承诺。中标后，施工单位与业主须签订水土保持责任合同，在主体工程施工中，必须按照水土保持方案要求实施水土保持措施，保证水土保持工程效益的充分发挥。

第四，制订详细的水土保持方案实施进度，加强计划管理，以确保各项水土保持措施与主体工程同步实施、同期完成、同时验收。

第五，制定突发事件应对处理方案，对滑坡、崩塌等重大险情或事故及时补救。

第六，水土保持工程施工过程中，建设单位须对施工单位提出具体的水土保持施工要求，并要求施工单位对其施工责任范围内的水土流失负责。

第七，施工期间，施工单位应严格按照工程设计图纸和施工技术要求施工，并满足施工进度的要求。

第八，施工过程中，应采取各种有效措施防止在其占用的土地上发生水土流失，防止其对占用地范围外土地的侵占及植被资源的损坏，严格控制和管理车辆机械的运行范围，防止因施工而扩大对地表的扰动。设立保护地表和植被的警示牌，施工过程中应注重保护地表和植被。注意施工及生活用火的安全，防止火灾烧毁地表植被。

第九，施工期间，应对防洪设施进行经常性检查维护，保证其防洪效果和运行通畅，防止工程施工开挖料和其他土石方在沟渠淤积。

第十，实施植物措施时应注意整个施工过程的质量，及时测定每道工序，不合要求的要及时整改，同时，还须加强乔、灌、草栽植后的抚育管理工作，做好养护，确保其成活率，以求尽快发挥植物措施的保土保水功能。

第十一，水土保持方案经批准后，主动与各级水行政主管部门取得联系，自觉接受地方水行政主管部门的监督检查。在水土保持施工过程中，如须进行设计变更，建设单位应与施工单位、设计单位、工程监理单位和水保监理单位协商，按相关程序要求实施变更或补充设计，并经批准后方可实施。

第十二，要求施工单位制订详细的水土保持方案实施进度计划，加强水土保持工程的计划管理，以确保各项水土保持设施与主体工程同时设计、同时施工和同时竣工验收投产使用的"三同时"制度的落实。加强对工程建设的监督管理，成立专业的技术监督队伍，预防人为活动造成新的水土流失，并及时对开发建设活动造成的水土流失进行治理。确保水土保持工程的质量。

（二）水土保持工作程序、方法和制度

1. 水土保持基本工作程序

水土保持工程工作应遵循下列工作程序。

第一，签订施工合同、监理合同，明确范围、内容和责权。

第二，熟悉工程设计文件、施工合同文件和监理合同文件。

第三，组织设计单位、施工单位、监理单位召开第一次工地会议进行工作交底。

第四，督促监理单位、施工单位及时整理、归档各类资料。要求施工单位提交水土保持施工总结报告及相关档案资料。要求监理单位提交水土保持监理总结报告及相关档案资料。组织水土保持单位工程验收工作。

2. 水土保持施工管理主要工作方法

一是现场跟踪检查、现场记录、发布文件、巡视检验、跟踪检测，以及协调建设各方关系，调解并处理工程施工中出现的问题和争议等。

二是现场业主代表应与监理人员对施工单位报送的拟进场的工程材料、籽种、苗木报审表及质量证明资料进行审核，并对进场的实物按照有关规范采用平行检测或见证取样方式进行抽检。

三是对淤地坝、拦渣坝（墙、堤）、护坡工程、排水工程、泥石流防治工程等的隐蔽工程、关键部位和关键工序，应根据合同及监理单位的水土保持监理细则要求监理单位实行旁站监理。

3. 水土保持施工管理主要工作制度

一是技术文件审核、审批制度。应对施工图纸和施工单位提供的施工组织设计、开工申请报告等文件进行审核或审批。

二是材料、构配件和工程设备检验制度。应对进场的材料、苗木、籽种、构配件及工程设备出厂合格证明、质量检测检疫报告进行核查，并责令施工或采购单位负责将不合格的材料、构配件和工程设备在规定时限内运离工地或进行相应处理。

三是工程质量检验制度。施工单位每完成一道工序或一个单元、分部工程都应进行自检，合格后方可报监理机构进行复核检验。上一单元、分部工程未经复核检验或复核检验不合格，不应进行下一单元、分部工程施工。

四是工程计量与付款签证制度。按合同约定，所有申请付款的工程量均应进行计量并经监理机构确认。未经监理机构签证的工程付款申请，建设单位不应支付。

五是工地会议制度。相关各方参加并签到，形成会议纪要须分发与会各方。工地会议应符合下列要求：

第一，建设单位应组织或委托总监理工程师主持相关各方召开第一次工地会。建设单位、施工单位法定代表人或授权代表应出席，重要工程还应邀请设计单位进行技术交底；各方在工程项目中担任主要职务的人员应参加会议。

第二，会议可邀请质量监督单位参加。会议应包括以下主要内容：

①介绍人员、组织机构、职责范围及联系方式。建设单位宣布对监理机构的授权及总监理工程师；施工单位应书面提交项目负责人授权书。

②施工单位陈述开工的准备情况；监理工程师应就施工准备情况及安全等情况进行评述。

③建设单位对工程用地、占地、临时道路、工程支付及开工条件有关的情况进行

说明。

　　④监理单位对监理工作准备情况及有关事项进行说明。

　　⑤监理工程师对主要监理程序、质量事故报告程序、报表格式、函件往来程序、工地例会等进行说明。

　　⑥会议主持人进行会议小结，明确施工准备工作尚存在的主要问题及解决措施，并形成会议纪要。

　　⑦工地例会宜每月定期召开一次，水土保持工程参建各方负责人参加，由总监理工程师或总监理工程师代表主持，并形成会议纪要。会议应通报工程进展情况，检查上一次工地例会中有关决定的执行情况，分析当前存在的问题，提出解决方案或建议，明确会后应完成的任务。

　　⑧应根据需要，主持召开工地专题会议，研究解决施工中出现的涉及工程质量、工程进度、工程变更、索赔、安全、争议等方面的问题。

　　4. 工作报告制度

　　一是要求监理机构应按双方约定的时间和渠道向建设单位提交项目监理月报（或季报、年度报告）。

　　二是要求在工程须进行阶段性验收时提交阶段性监理工作报告，在合同项目验收时提交监理工作总结报告。

　　三是工程验收制度。在施工单位提交验收申请后，监理机构应对其是否具备验收条件进行审核，建设单位组织工程验收。

参考文献

[1] 朱卫东，刘晓芳，孙塘根. 水利工程施工与管理 [M]. 武汉：华中科技大学出版社，2022.

[2] 张晓涛，高国芳，陈道宇. 水利工程与施工管理应用实践 [M]. 长春：吉林科学技术出版社，2022.

[3] 张建伟. 水利工程施工 [M]. 北京：国家开放大学出版社，2022.

[4] 王建海，孟延奎，姬广旭. 水利工程施工现场管理与 BIM 应用 [M]. 郑州：黄河水利出版社，2022.

[5] 赵黎霞，许晓春，黄辉. 水利工程与施工管理研究 [M]. 长春：吉林科学技术出版社，2022.

[6] 田茂志，周红霞，于树霞. 水利工程施工技术与管理研究 [M]. 长春：吉林科学技术出版社，2022.

[7] 王学斌，刘秀华，孟凡利. 水利工程施工技术与管理研究 [M]. 长春：吉林科学技术出版社，2022.

[8] 刘宗国，吴秀英，夏伟民. 水利工程施工技术要点及管理探索 [M]. 长春：吉林科学技术出版社，2022.

[9] 李宗权，苗勇，陈忠. 水利工程施工与项目管理 [M]. 长春：吉林科学技术出版社，2022.

[10] 王科新，李玉仲，史秀惠. 水利工程施工技术的应用探究 [M]. 长春：吉林科学技术出版社，2022.

[11] 张胜利. 水土保持工程学 [M]. 2 版. 北京：科学出版社，2022.

[12] 周月杰，严尔梅，杨洪波. 水土保持监测技术方法 [M]. 沈阳：辽宁科学技术出版社，2022.

[13] 马维伟，李广. 水土保持与荒漠化监测 [M]. 北京：中国林业出版社，2022.

［14］曹文华，屈创，张红丽. 我国水土保持监测网络现状与构建研究［M］. 郑州：黄河水利出版社，2022.

［15］李合海，郭小东，杨慧玲. 水土保持与水资源保护［M］. 长春：吉林科学技术出版社，2021.

［16］吴卿. 水土保持弹性景观功能［M］. 郑州：黄河水利出版社，2020.

［17］徐向舟. 试验侵蚀学水土保持试验的理论与实践［M］. 北京：科学出版社，2020.

［18］林雪松，孙志强，付彦鹏. 水利工程在水土保持技术中的应用［M］. 郑州：黄河水利出版社，2020.

［19］王静，海春兴. 水土保持技术史［M］. 北京：经济管理出版社，2020.

［20］吕月玲，张永涛. 水土保持林学第二版［M］. 北京：科学出版社，2020.

［21］刘力奂. 水土保持工程技术［M］. 郑州：黄河水利出版社，2020.

［22］郑荣伟. 水土保持生态建设［M］. 郑州：黄河水利出版社，2020.

［23］王海燕，鲍玉海，贾国栋. 水土保持功能价值评估研究［M］. 北京：中国水利水电出版社，2020.

［24］吴发启，王健. 水土保持规划学［M］. 2 版. 北京：中国林业出版社，2020.